A TRAVELER'S GUIDE TO THE STARS

星际旅行

［美］莱斯·约翰逊 Les Johnson ▶著

苏莹 ▶译

中国科学技术出版社
·北 京·

本书中文简体字版通过 GRAND CHINA HAPPY CULTURAL COMMUNICATIONS LTD（深圳市中资海派文化传播有限公司）授权中国科学技术出版社在中国大陆地区出版并独家发行。该内容由普林斯顿大学出版社授权使用。未经出版者书面许可，不得以任何方式抄袭、节录或翻印本书的任何部分。

北京市版权局著作权合同登记　图字：01-2024-2698

图书在版编目（ＣＩＰ）数据

星际旅行 /（美）莱斯·约翰逊 (Les Johnson) 著；苏莹译. -- 北京：中国科学技术出版社，2024.8

书名原文：A Traveler's Guide to The Stars

ISBN 978-7-5236-0778-7

Ⅰ. ①星… Ⅱ. ①莱… ②苏… Ⅲ. ①空间探索－普及读物 Ⅳ. ① V11-49

中国国家版本馆 CIP 数据核字 (2024) 第 104546 号

执行策划	黄　河　桂　林
责任编辑	申永刚
策划编辑	申永刚
特约编辑	汤礼谦
版式设计	吴　颖
封面设计	东合社·安宁
责任印制	李晓霖

出　　版	中国科学技术出版社
发　　行	中国科学技术出版社有限公司
地　　址	北京市海淀区中关村南大街 16 号
邮　　编	100081
发行电话	010–62173865
传　　真	010–62173081
网　　址	http://www.cspbooks.com.cn

开　　本	787mm×1092mm　1/32
字　　数	175 千字
印　　张	9
版　　次	2024 年 8 月第 1 版
印　　次	2024 年 8 月第 1 次印刷
印　　刷	深圳市精彩印联合印务有限公司
书　　号	ISBN 978–7–5236–0778–7/V·88
定　　价	59.80 元

天空在召唤我们。

如果我们不自我毁灭，

总有一天我们会冒险前往星辰。

卡尔·萨根（Carl Sagan）

美国行星协会联合创始人之一

卡诺普斯星际文学卓越图书奖（长篇非虚构类）

Canopus Award for Excellence in Interstellar Writing,
Long-Form Nonfiction Category

卡诺普斯星际文学卓越图书奖是一项年度奖项，旨在表彰和鼓励优秀的星际题材写作。它是"百年星舰"计划的一部分，该计划由美国国家航空航天局（NASA）于 2010 年提出，目标是在一百年内探索出合适的商业模式，并开发出成熟的长距离载人飞行宇宙方案。

奖项的命名灵感来自夜空中第二亮的星——卡诺普斯星，也称为老人星。这颗星在人类历史上具有重要意义，它不仅指示着播种季节，还作为导航星指引着人类探索未知的旅程。卡诺普斯星的光辉象征着人类对探索未知的渴望和勇气。

卡诺普斯奖的设立，鼓励科学家和作家深入探索和表达人类星际旅行的各个方面，包括挑战、机遇、陷阱和回报。它不仅关注科幻小说，也重视非虚构作品，目的是促进公众对星际探索的理解和兴趣，并激发对未来技术、经济、社会和生物等多方面进步的思考。同时，该奖项还关注这些进步如何影响地球上的生活，以及如何利用星际探索的成果来改善我们的家园星球。

- 三度荣获美国国家航空航天局（NASA）杰出成就奖
- 石墨烯太阳帆太空推进关键技术专利权人
- 硬核科幻电影《欧罗巴报告》主要技术顾问
- 《美国国家地理》专访"特色星际探索家"
- 美国国家太空协会、世界未来学会及门萨俱乐部成员

　　莱斯·约翰逊博士是马歇尔太空飞行中心的首席技术专家，同时也是 NASA 太阳帆深空任务的首席研究员。他曾领导并成功完成了 2018 年的"近地小行星侦察兵"任务，并负责"太阳巡洋舰"项目，该项目计划于 2025 年使用巨型石墨烯太阳帆将航天器推向太阳。约翰逊博士的卓越贡献为他赢得了三次 NASA 杰出成就奖，并使他获得了三项太空技术专利。

　　约翰逊博士也是科普教育和科幻界的知名人物，经常在科普讲座和科幻大会上发表演讲，深受科幻迷的喜爱。他曾担任硬核科幻电影《欧罗巴报告》的技术顾问，并频繁出现在探索

科学频道和国家地理频道的科普节目中。此外，NPR、CNN、福克斯新闻等媒体也多次就太空探索等话题对他进行采访。

约翰逊博士与他的密友共同创立了田纳西河谷星际研究室（Tennessee Valley Interstellar Workshop, TVIW），该研究室最初是一个由科学和工程专业人士组成的非正式聚会，专注于讨论与太空任务相关的当代研究话题。这些讨论促成了多篇论文的发表，并为创新太空任务准备了提案。

2020 年 8 月，TVIW 转型为星际研究小组（Interstellar Research Group, IRG），以更好地反映其目标和结构。IRG 已经从一个美国的地方组织扩展为一个全国性和国际性的团体，致力于推动星际旅行和居住的技术和系统发展。

IRG 与 NASA 和国际宇航科学院（International Academy of Astronautics, IAA）建立了合作关系，共同举办研讨会，探讨星际推进、通信等挑战性问题，并展望太阳系内人类基础设施的建设。这些研讨会还考虑了人类道德、伦理和哲学问题，以及人类未来离开地球家园的可能性。

IRG 的目标是通过教育、研究和国际合作，推动星际旅行和居住的技术和系统发展，同时考虑人类道德、伦理和哲学问题。它致力于展望并实现人类未来离开地球家园的可能性，为人类探索宇宙的未知领域铺平道路。

马丁·里斯（Martin Rees）
英国皇家学会前会长、《人类未来》（*On the Future: Prospects for Humanity*）作者

莱斯·约翰逊的《星际旅行》引人入胜。他带我们体验了一场梦幻般的星际旅行，并在此过程中教会了我们许多物理学和工程学知识。

加来道雄（Michio Kaku）
畅销书《宇宙方程：对万物理论的探索》（*The God Equation: The Quest for a Theory of Everything*）作者

莱斯·约翰逊带我们体验了一场令人愉悦、痴迷且兴奋至极的星际之旅，你展望夜空时的感受将就此被颠覆。从离子火箭与太阳帆到核聚变引擎与曲速引擎，约翰逊推动了物理学驻足和人类想象

力起始的边界。在浩瀚星空中，人类将拥有怎样的终极命运？对关心该问题的所有人来说，《星际旅行》是他们的必读书。

克里斯·英庇（Chris Impey）
《爱因斯坦的怪物：探索黑洞的奥秘》（*Einstein's Monsters: The Life and Times of Black Holes*）作者

太空航行尚处于起步阶段，地球轨道航程最多不超过半天时间。但是，《星际旅行》中探讨的技术却能将我们带往遥远星际空间，打破将人类捆缚在太阳系的绑带。这本书基于物理学，以严谨而又通俗易懂的方式阐述了星际旅行的各种备选方案。

大卫·布林（David Brin）
世界科幻大会雨果奖获得者、科幻小说《地球》（*Earth*）和《提升系列》（*The Uplift Saga*）作者

人类准备好探索太阳系之外的浩瀚宇宙了吗？这本《星际旅行》为我们罗列出人类真正脱离太阳系，向无限未知世界迈出第一步的方法和途径。

大卫·韦伯（David Weber）
美国知名科幻小说家

莱斯·约翰逊属于难得一见的作家，他能帮助普通人轻松理解

火箭科学。他在星际探索领域不计成本、倾力付出，对这项事业始终保持高度热情。此外，他的幽默感、人道主义精神和对生活的热情同样值得高度赞赏。

L. 戴尔·托马斯（L. Dale Thomas）
阿拉巴马太空探索奖联盟总监

莱斯·约翰逊令非专业人士也能理解星际航行这一复杂的课题。他谨慎地带领读者去了解人类探访邻近星球时，不得不在物理学、工程学、生物学、社会学，乃至伦理道德方面需要攻克的种种挑战，并就此类问题最终将如何解决提供了深刻的见解。

马克·亨普塞尔（Mark Hempsell）
英国星际协会前主席

星际旅行的入门书，既通俗易懂又权威可靠。对最新天文发现感兴趣的读者，或是喜欢科幻小说的读者，都会喜欢这本全面易懂的指南书，它为我们介绍了星际航行背后真正的科学和工程学发展现状。

凯尔文·F. 朗（Kelvin F. Long）
核聚变星舰研究项目伊卡洛斯计划、激光帆星舰研究项目蜻蜓计划联合创始人

莱斯·约翰逊将那些努力推动星际旅行成为现实的科研人员已

经实现的成果和迷人的科研经历完全展现给了读者。对于有兴趣深入了解在太空探索领域，以及人类在不久的将来能够达到何种前沿水平的读者而言，《星际旅行》是一本极好的入门书。

比尔·奈（Bill Nye）
美国行星协会首席执行官、科普节目主持人

人类无须付出任何努力便可实现环绕太阳的公转，但令我们真正好奇的是：要前往另一颗恒星到底有多难？莱斯·约翰逊向我们介绍了火箭学领域的相关知识：这些其实并不难。随后，他又为我们介绍了人类有望采用的各种星际旅行方案，将精彩至极的细节全部展现出来。从摄星级纳米飞船、芯片卫星、星束号，到世界舰和超材料光帆，这是一场以非凡科学为动力的想象力之旅。

尹传红
科普时报社社长、中国科普作家协会副理事长

莱斯·约翰逊博士的生花妙笔，勾勒出星际探索的宏伟蓝图、人类拓展边界的漫漫长路；揭示了星际旅行的技术挑战，将复杂的科学原理娓娓道来。更唤起我们对宇宙深处的好奇，激发无尽的想象力和探求欲。

《星际旅行》，一部开阔视野的精彩叙事，一本启迪智慧的未来之书！

菲奥娜·M.D. 塞缪尔斯（Fionna M. D.Samuels）
《科学美国人》（*Scientific American*）

人类想在 100 年内探访另一个遥远星系都需要做好哪些准备？为了阐释将人类从地球送往以光年计的遥远星系所涉及的各个重要领域，美国国家航空航天局（NASA）科学家莱斯·约翰逊帮助我们提炼梳理了一系列惊人的天文级数字：恒星之间的距离，实现如此遥远的航程所耗费的能量。同时，他还指出了现有技术为我们提供的机遇及其存在的局限性。无论是通过太阳帆、离子推进器还是核弹抵达目的地，我们在星际旅行探索领域取得的进展很有可能会同时改变人类在地球上的生活方式。

罗伯特·康农·史密斯（Robert Connon Smith）
《天文台》（*The Observatory*）杂志

莱斯·约翰逊就星际旅行可行性所做的分析理性而细致，相关的专业背景使其成为写作《星际旅行》的不二人选。

《华尔街日报》（*Wall Street Journal*）

众所周知，外星系是如此的遥远，正如物理学家兼 NASA 技术专家莱斯·约翰逊为我们生动描绘的那样：即使是最近的比邻星也需要好几千年才能抵达。约翰逊解释说，一些科幻作家因此想象出可维持几代人生活的"世界舰"，但他们的舰船会采用怎样的动力呢？

约翰逊用通俗易懂的语言，介绍了曲速引擎和超空间等趣味十足的科幻方案、反物质引擎等具有潜在可行性的方案，以及离子驱动器、太阳帆与核脉冲推进等切实可行的方案，其中最后一种方案竟然是在航天器尾部持续发射一组组的核弹，航天器依靠冲击波航行。

肖恩·考斯佳德（Sean Korsgaard）
美国著名科幻杂志《*Analog*》

人类究竟要如何才能探访另一个星系？关于这个问题，你恐怕很难找到比这本书更好的答案。身为世界知名科学家，《星际旅行》的作者莱斯·约翰逊将全部身心都投入了推动科学幻想转化为科学现实的事业当中。

肖恩·布莱尔（Sean Blair）
《仰望星空》（*BBC Sky at Night*）**杂志**

收获满满的阅读体验。

拉明·斯波（Ramin Skibba）
《连线》（*Wired*）**杂志**

在莱斯·约翰逊看来，实现星际旅行的可能性极大。

前 言

ATGTS

人生仿若一场旅行，有时一本书亦是如此。这本书的创作之旅缘起于 1999 年，我受邀担任美国国家航空航天局（NASA）星际推进技术研究项目的负责人。从此，我几乎寻遍了所有星际旅行相关的各种技术图书，如饥似渴地阅读。从某种程度上来说，我似乎早已在为这项工作进行知识储备。

从中学阶段直到研究生，我几乎一直保持着每周阅读一本科幻小说或文集的习惯，自认为已经在思维方式上做好了打开脑洞的准备。对于这 40 多年来陆续提出的星际推进技术及相关领域科学家持续深入研究的相关课题，身为物理学家的我很有信心能弄明白相关的基础知识，理解其背后运用的数学原理。

NASA 为星际推进技术研究项目提供了为期两年的资金支持，之后该项资金转而投入了其他用途，但那时我早已成为星际旅行的一名拥趸。在任职期内，我负责管理从太阳能、激光、微波帆到核裂变、核聚变、反物质等各项技术实验，从而逐步确立了这样的信心：前往其他星球实际上是一件可行的事情。

我们也许还不知道如何设计和建造星际航行必备的系统，但也不存在根本性的科学解释能够证明本书谈及的各项系统和技术无法成为现实。随着项目的终止，我在 NASA 的星际旅行技术研究工作结束了，但我个人对该领域的投入却并未就此止步。

在 NASA 工作之余，我和身边的一群密友联合创办了田纳西河谷星际研究室（TVIW），这是一个非营利性的教育组织，以推动未来星际旅行为目标。TVIW 的成功远超预期，目前我们已经赞助并成功举办了 7 场研讨会，为拥有相同志趣的获奖大学生提供了数千美元的奖学金，并督导了多篇原创性研究论文在著名科学期刊上发表。如今，TVIW 已更名为星际研究组。

以上便是我的个人经历，那么本书又是从何而来的呢？

它源于我的一种强烈信念：人类终有一天会将子孙后代送往星际空间，移民到环绕另一颗恒星运行的行星之上，这是将地球生命送往广袤宇宙的第一步。在过去几年里，这个目标占用了我相当多的个人时间，我希望自己能为这个目标做出贡献。

10 年前，我和我的经纪人曾将本书的初稿提交给多家出版社，但几乎没人感兴趣。当然，那个时候系外行星的发现尚未登上各大新闻头条，太空探索技术公司（SpaceX）和蓝色起源公司（Blue

Origin）还没有为人类访问太空的方式带来颠覆性的创新，而具备较高科学素养的公众群体也尚不了解"百年星舰计划"（100 Year Starship）和"突破计划"（Breakthrough Initiatives）。

于是，我转而与《纽约时报》畅销书作家杰克·麦克德维特（Jack McDevitt）合编了一本原创科幻小说集，其中还收录了一些科普散文，取名为《飞赴星际空间：即刻起造飞船！》（*Going Interstellar: Build Starships Now!*），该书由主打科幻作品的贝恩出版社（Baen Books）出版。这本小说集取得了成功，于是又促成了另一本星际主题的科幻与科学纪实文集问世，同样由贝恩出版社出版，名为《群星：星居者》（*Stellaris: People of the Stars*），由我与罗伯特·汉普森（Robert Hampson）合编。

后来抱着试试看的心态，我将本书的出版材料提交给普林斯顿大学出版社，在此过程中，我甚至没有通知自己的经纪人。没想到的是，出版社很快便有反馈，提出出版合作的意愿。在与普林斯顿大学出版社的主要联络人杰西卡·姚（Jessica Yao）反反复复的电话讨论之后，我们便为大家呈现出手头上的这本书。

《星际旅行》的出版宗旨是希望本书对所有人而言都是趣味盎然、通俗易懂的，而不是仅仅服务于科学家和工程师们。有关星际旅行的专业性图书多的是，并不需要我再去添砖加瓦。所以，这本书是写给那些真正会令星际旅行成为可能的人，那些乐于为项目宣传引资的人，以及那些在项目启动时，会亲自或间接参与其中的人。除非获得全社会的支持，否则我们不可能实现星际之旅。

这场旅程才刚刚开始。我想与大家分享一段话，可以说这已成为我的人生愿景。这段话源于一场大机构里常常召开的那种极其难熬的管理研讨会。就在一场我甚至都记不起来什么时候参加的研讨会上，我们被要求用一句话概括自己的职业目标。我的目标很简单，而且从那之后我便经常照此转述：

当未来已定居系外行星的人类移民开始撰写史书，来记录他们是如何探索并定居到那个新世界的时候，我希望自己所从事的技术工作能够在某个注脚处被提及。

这本书便是我向注脚目标又迈进的一步。我希望你会喜欢这本书并且在阅读过程中有所收获。

本书测量单位说明

全书同时采用了公制和英制（现在实际上应称为美制）两种测量单位。原因何在？

主要是因为当我在 NASA 开展"日常工作"时，我在思考中主要运用克、千克、米、毫米等公制单位。但当回到家中，我的工作和思考方式便会切换到英寸、磅、英里等英制单位。也许在你看来，我是在不同场景下随心选用不同的单位制，但实际上对我来说，所选择的单位制反映着我对世界的思考方式，而且据我猜测，不同国家的读者亦是如此。

A TRAVELER'S GUIDE
TO THE STARS

目　录

ATGTS

星际启航——人类何时能飞向群星？

自古以来，人类总爱仰望星空，不断追问这样几个宏大的问题：
"我是谁？""为什么我会在这里？""这之外还有其他人或物吗？"随
着对太空的持续探索，我们为踏上其他星球做好了初步准备，人类
即将拥有回答其中部分问题的能力。一颗颗星星并非只是浩瀚夜空
中绚烂的点点星光。在非常遥远的地方，这些星星上面可能孕育着
全新的世界。

令人难以置信的是，直至 20 世纪 90 年代，在偌大的宇宙中，
人类在科学层面只了解那几颗环绕太阳公转的行星。随着已知的系
外行星数量不断增加，且其中部分行星位于母恒星的宜居带，有不
少人开始畅想，我们在未来会如何前往这些行星进行探索。人类在

太空时代到来之初十分乐观，但探索目标的进展却大幅落后于众人的预期。这并非人类不够努力，实在是目标过于艰巨。

探索比邻星：跨越 4.2 光年的梦想与挑战

比邻星是距离人类最近的恒星，其与太阳的距离约为 4.2 光年。这意味着，即使光以约每秒 186 000 英里①的速度行进，也需要 4 年时间才能抵达比邻星。对多数人而言，这样的速度单位毫无意义；毕竟我们当中又有多少人会对光速具有切实的感触和理解呢？为了进一步说明星际探索的难度，我们可以设想一个近得多的距离，以及我们穿行到那里面临的挑战。

1977 年发射的旅行者号航天器是迄今为止人类发射过的、在星际空间里旅行最远的"星际使者"。在我写这本书时，旅行者 1 号距离地球约 156 个天文单位（AU），也就是地球与太阳间平均距离（9 300 万英里）的 156 倍。而仅仅是穿行这段距离，旅行者 1 号就耗费了 44 年的时间。

在始终确保航行方向准确无误的前提下，旅行者号将历经 70 000 年时间，才能最终抵达距离地球最近的恒星比邻星。人类如果真的想开启一场星际旅行，只有将行程时间控制在以年为单位（而非以千年为单位）来计量时，才称得上是切实可行的。

---

① 1 英里 ≈ 1.61 千米。——译者注

推进力问题并非航行面临的唯一挑战。在进行如此远距离的穿越过程中，航天器如何与地球保持通信？在远离恒星的情况下，航天器又要如何在恒星间无尽的黑暗中提升动能？为了缩短航行时间，航天器需要始终保持高速飞行，但这又会增加航天器与星际尘埃相撞损毁的风险——这是以接近光速航行时必然存在的重大潜在风险。

幸运的是，宇宙似乎为人类颁发了高速星际旅行的许可证，且并未以"开辟物理学新篇章"为条件来为难人类。基于核聚变、反物质和激光光束能量的推进技术在当前的物理学水平支撑下便足以具有可行性。然而，如此超大规模的系统工程却远超当今人类所具备的能力。

如果真要开启这样的超远航行，我们必须首先深入了解自己所在的太阳系。星际旅行不仅需要采用众多的高新技术，为星际探索计划搭建一套合理的新型框架，以避免反复犯错，还需要拥有一种充满想象力的思维方式。这不禁令人联想到欧洲大教堂的建设过程。如今，我们已经确立了开启星际旅行项目的伟大理想，也许未来不出几代人的努力，便可梦想成真。

人类的好奇心驱动着未来太空探索

接下来要探究的就是"为什么"的问题。我们为何要开启星际旅行？或者再进一步探究，我们到底为什么要进行太空探索呢？

在太空时代最初的 50 多年里，我们已经有足以令世人信服的成绩，以及被普遍认可的理由，来探索并开发近地空间和地球轨道空间。气象学家可以在气象卫星的帮助下，对未来数天或数周的天气情况提供较为准确的天气预报。气象卫星还能帮助人类预测飓风和气旋的运行轨迹，挽救无数生命。通信卫星则将整个世界连接起来，帮助我们转播电视信号、连通手机信号，让我们能够实时了解世界各地正在发生的事情，大型通信卫星群则已开始为全球各地提供宽带接入服务。

世界各国也均可通过间谍卫星相互监视，从而几乎杜绝了发起突然袭击的可能性，这是核武器时代维系各国战略安全的重要手段，可以有效维护世界和平。全球定位系统卫星则可在我们前往未去过的目的地时提供导航服务，这对高度相互依存的人类世界和全球经济的运行具有重要意义。近地空间的开发利用对我们的日常生活和富足安康而言早已不可或缺。

许多星际旅行的坚定支持者都认为，下一个最合理的探索方向是围绕地月空间进行开发，也就是开发地球和月亮之间的区域。由于 NASA 和其他一些国家均计划在未来几年将人类送上月球，人们开始期待围绕月球的新产品和新服务的陆续推出，正如地球轨道的开发过程一样。不仅如此，同样的讨论还扩展到了太阳系，最终又扩展到了其他恒星系。

身为一名科学家，我认为人类拥有正当且合理的理由去开发太空，并走出资源不太丰富的太阳系，去探索更广阔的太空。这无关乎经济或有形的物质收益，而只关乎人类想要了解宇宙的这种最本真的好奇心——那里到底有什么？宇宙是如何运行的？

如今，我们用来维系 21 世纪现代化生活高效运行的所有工程学理论，均源于前辈科学家在类似基础性问题上孜孜不倦的探寻。在当时，他们也不确定是否能获得明确的经济回报或实际应用，而不断扩展人类认知的边界正是他们不断探索的最正当且充分的理由。

关于上述观点尚存一些异议。此外，在考虑向太空，甚至向其他恒星系发起深入探索时，还可能会引发某些道德伦理问题。其中的大部分问题我们会在第 3 章中加以探讨。

星际旅行具有可行性，只不过实现难度极大。人类愿意接受这项挑战吗？

A TRAVELER'S GUIDE
TO THE STARS

第 1 章

The Universe Awaits
宇宙等待着探索

宇宙是巨大的。你甚至会对它的巨大感到难以置信——多么的巨大、宏大，大到颠覆人类的认知。或者说，你也许认为自己去药店的路就够远了，但这对太空而言实在是微不足道。

道格拉斯·亚当斯（Douglas Adams）
当代喜剧科幻经典《银河系搭车客指南》

直至 20 世纪 90 年代初，科幻迷群体是唯一相信其他恒星周围环绕着行星的人群，他们每周都通过电视来见证柯克、皮卡德、珍妮薇、西斯科等星际舰长们造访一个个奇妙新世界的旅程，抑或为卢克天行者和莱娅公主在遥远星系重振新秩序而欢欣鼓舞。

　　好吧，我得承认，自己虽然称不上是他们的一分子，但好歹也能算半个科幻迷。直到那时，天文学家基本确信其他恒星周围同样环绕着行星，只是还没有直接证据能够证明它们的存在。

　　这个想法在当时只是一种假说，天文学家认为，分布在银河系乃至整个宇宙其他星系的诸多恒星中，太阳系并非独一无二的存在。[1]

---

① 意大利哲学家乔尔丹诺·布鲁诺（Giordano Bruno，1548—1600）提出，太阳只不过是诸多恒星中的一颗，环绕恒星旋转的是行星。正是这一假说，以及其他从科学角度提出的所谓异端邪说，致使布鲁诺在罗马被生生处以火刑。

用凌日观测法寻找系外行星

　　人类发现的首颗太阳系外行星，或称系外行星，位于环脉冲星轨道上条件极其恶劣的区域。脉冲星是一种快速自转的中子星，能以每秒 1 000 次脉冲的频率发射有规律的脉冲辐射，包括无线电波、伽马射线和 X 射线。

　　脉冲星的脉冲速率是有规律且可预测的，正是基于这种高度规律性，脉冲速率甚至可能被应用于天体导航（详见第 7 章）。脉冲的微小变化引发人们的推断，这种可观测的不规律现象是由环轨行星导致的，而这正是系外行星存在的间接证据。

　　如今，光学设备终于达到了实现类似高难度观测所需的精度。很快，天文学家便能利用行星扰动恒星所产生的多普勒频移[①]，探测到大部分类日恒星周围的系外行星。

　　其根本原理在于，恒星会通过自身重力牵引周围的行星，以确保行星环绕轨道运行。与此同时，行星也会对恒星产生引力。但由于双方质量相差悬殊，与恒星对行星产生的引力相比，行星对恒星产生的引力微乎其微。

　　因此，当一颗行星环绕恒星运行时，行星会牵拉恒星，使恒星

---

① 当物体发出或反射的光线远离观测者时，随着物体的移动，光线的波长会被轻微拉长。当物体发出或反射的光线靠近观测者时，波长变短。波长的延伸与压缩程度取决于物体的移动速度。这种现象被称为多普勒频移，警察使用的雷达枪能够迅速判断你是否在开车时超速，正是基于这种原理。

朝向行星轻微偏移，从而导致恒星产生摆动。由于恒星是持续的发光体，天文学家便可通过光线波长发生的微小多普勒频移探测到这种摆动。尽管这种测量方法对行星质量的下限具有要求，但该方法依然为我们了解（以木星质量为标准单位的）行星提供了重要线索。

大约在 2000 年，天文学家开始采用凌日观测法寻找系外行星。想要理解这一观测法的原理，最佳方法就是参考日食的发生过程。当月球沿着人类视线从地球与太阳之间穿过时，会在地球上投下一个清晰可见的影子。

想象一下，我们现在身处冥王星的轨道之外的某处太空之中，我们在此观察整个太阳系。就在你盯着太阳看的时候，八大行星中的某颗行星从你的视野中穿过。通过高度灵敏的观测设备，我们可以清楚地看到，当行星从观测设备与太阳之间穿过时，太阳光线轻微变暗，一部分光线被行星遮挡了。

假设我们能够持续观测足够长的时间，比如若干地球年。那么，理论上我们就能观测到同一颗行星完成多圈环日运行从而引发的周期性太阳光变暗现象。如果我们改变观测方向，采用更加灵敏的设备去观测太阳以外的其他恒星，那么我们就会看到环绕该恒星运行的行星沿着这条观测视线引发的光线变暗现象。这种方法这就是凌日观测法（如图 1.1 所示）。

当然，考虑到恒星与环绕其运行的行星之间的距离及相对大小，用于观测光线变暗过程的设备必须具备非常高的敏感度，数据处理

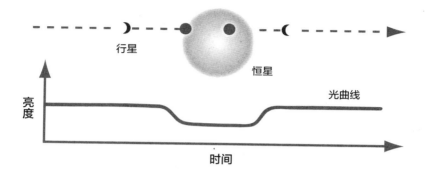

图 1.1 凌日观测法示意图

当一颗系外行星沿其轨道运行到其宿主恒星与地球之间时，会遮挡住部分恒星光线，造成恒星亮度周期性下降，这个现象称为"凌星"。通过观测这种规律性的亮度变化，科学家可以确定系外行星的存在，并推算出该系外行星绕其宿主恒星公转的周期。

软件也必须更加精密复杂。我总喜欢用一个类比来帮助大家理解，这就好像你可以在黑暗中盯住自己的车前灯，然后利用蚊子（行星）飞过车灯（恒星）的过程去判断蚊子的大小。

如今，还有许多其他可行的方法用于发现和标记系外行星，有些航天飞行任务便是以此为目标的。正因如此，据 NASA 系外行星探索网站的数据显示，现已确认的系外行星数量多达 4 000 颗，此外还有 5 000 多颗潜在的系外行星等待逐一确认。

现在，故事的进展更加有趣了。在这些系外行星之中，有一些行星与地球的大小相近，且这些行星在其母恒星的宜居带内环绕母恒星运行。这就意味着，这类行星不仅大小近似于地球（有的大些，如海王星一般；有的小些，如火星一般），而且均环绕在恒星的宜居区域内，因此既不会太热，也不会太冷，可能存在液态水和目前所知的生命必要的化学元素。

科学家已经发现了约 60 颗此类潜在的宜居行星。鉴于我们只能在距离地球最近的恒星周围开展探测，而仅银河系内便有约 1 000 亿颗恒星，基于以上的统计数据，可以粗略推测出此类行星的数量可达……110 亿颗至 400 亿颗。这一大笔潜在的"房地产"，等着我们去发现、规划和开发。但我们还要多久才能到达那里呢？

关于这个问题，科学家很难给出确切的回答，无法提出一个具体的日期或时间范围。至少，在目前的阶段很难给出。要想回答这个问题，我们首先需要搞清楚地球距离这些系外行星究竟有多远，更需要去了解两者之间有着什么。就让我们从深入理解太空的深邃，以及我们对"无限"的定义开始吧。

来自 200 多万年前的光

如果你想对无限 ① 有所感触，可以找一个万里无云的夜晚走到户外，举头遥望星空。请你务必放下手机、电子阅读器或其他电子

---

① 当然，宇宙并非真正的无限。但就实用性而言（注意，我说的是"实用性"），在人类能够见识或认知的范围内，宇宙是最接近无限的。

设备，找一个远离强光的地方，使你的眼睛逐渐适应黑暗。当你来到这样一个地方后，请你抬起头来，在天空中寻找到尽可能多的光点。你看到的一些光点是我们所处的太阳系中的行星，例如火星或木星，它们反射的光源来自太阳。

另外一些光点则是恒星或恒星系，例如太阳，其依靠自身发光产生光源。你可以安静地站一会儿或坐一会儿，用心去思索你看到的星光。这种构成光的微粒子被称为光子，在触达你的双眼之前，这些光子历经了漫长的太空之旅，也许是几百年、几千年，甚至是数百万年。它们最终穿越太空结束了旅程，触达你的双眼，来到你的身边。

在太空的真空环境下，光可以以每秒 186 000 英里的速度行进。在一个阳光明媚的日子里，普照世界的阳光从太阳出发直至触达你的肌肤，给你留下日晒的印记，需要以每秒 186 000 英里的速度行进 8 分钟。既然你已置身户外，遥望夜空，就让我们畅想一下太阳系中最大的行星——木星所反射的光芒。

木星通常是夜空中最亮的天体之一，由于它的体型巨大，因而其反射的太阳光也非常之多。当木星与地球的相对距离最近的时候，其距离地球只有 3.65 亿英里多一点。在这个距离下，太阳发出的光到木星大约需要 41 分钟，而从木星反射的太阳光到你的眼睛大约需要 33 分钟——全程总计约 74 分钟。

海王星是八大行星中距离太阳最远的行星，由于距离极其遥远，海王星上反射的太阳光线抵达你的双眼需要大约 4 小时。当然，与系外恒星的距离相比，地球与行星之间的距离算是非常短的。

如果你住在大城市里，即便是在晴朗的夜晚，你能看到的光线大概也就是这个范围：路上的街灯和汽车灯光，你周围的楼宇和千家万户散发出的光线。此外，再加上空气中的湿度影响，城市里的人几乎不可能欣赏到乡村地区黑夜里出现的璀璨星空。由于远离文明带来的光污染，普通人都可以在乡村的夜空中看到约 2 000 颗恒星。

对住在南半球的人来说，距离最近且最容易看到的恒星是半人马座阿尔法星 A 和 B。这两颗恒星发出的光线需在太空中穿行 4 年多的时间才能到达地球，最终触达你的双眼。4 年多的时间！而这两颗恒星还是距离我们相对较近的。为了在探讨这种超远距离时更加便捷，天文学家将光在一年内穿行的距离称为光年。以此为单位，半人马座阿尔法星 A 和 B 与太阳系之间的距离是 4.35 光年（ly）。

假设我们仅限于以裸眼观察星空，我们或许能看到比半人马座阿尔法星 A 和 B 更遥远的星体，但这样就注定会错过一幅更宏大的星图——那就是我们所生活的宇宙。

早期的望远镜帮助人类观测到了行星所反射的光，同时也发现了行星是与地球类似的既大又圆的星体，它们只是在更遥远的地方环绕太阳运行。在望远镜的帮助下，人类还观测到了更多裸眼难以分辨的星体，其中包括一些形态模糊，呈螺旋状的星体，我们通常称其为"星云"。

法国天文学家查尔斯·梅西叶（Charles Messier）满怀对天文学

的热爱，给星云和星团做了系统的分类（现称为梅西叶星云星团表）。在埃德温·哈勃（Edwin Hubble）之前，天文学家将我们现在所知的星系也视为"星云"。事实上，由于早期望远镜的局限性，几乎所有看起来像模糊的尘埃云或气体云的东西都被打上了"星云"的标签。星云不仅处处可见，而且各类星云之间并没有太多区别。

20 世纪 20 年代早期，哈勃利用威尔逊山天文台的 100 英寸[①]反射望远镜拍摄了迄今为止分辨率最高的仙女座星云图像。哈勃发现，该星云实际上是一个由许多星星构成的极其遥远的星团，就像银河系一样。几年后，哈勃计算出这个新星系离我们的距离，至少是我们离银河系中最远星体距离的 10 倍。

随着望远镜性能的不断提升，人类逐渐发现越来越多的"星云"原来是星系。在现代望远镜的加持下（包括一架在地球轨道上空 300 英里运行的，以埃德温·哈勃的名字命名的太空望远镜，如图 1.2），我们了解到宇宙中存在着数十亿个星系，每个星系又包含数十亿颗星星。而依靠地表和太空中的望远镜，我们才得以"观赏"其中的许多星体。

我们现在已经知道自己所处的银河系是以 10 亿多颗恒星构成的星团，其直径长达 10 万光年。也就是说，光需要历经 10 万年，才能从银河系的一端穿行到另一端。

仙女座是距离我们最近的星系之一，距离我们大约 250 万光年。

---

① 1 英寸 ≈2.54 厘米。——编者注

图 1.2　哈勃空间望远镜

哈勃空间望远镜（Hubble Space Telescope，简称 HST）是一台位于地球大气层之上的先进光学望远镜，自 1990 年 4 月 24 日发射以来，已经成为天文学研究的标志性工具。

如果你选择在一个晴朗干爽的夜晚，找到一个远离城市灯光的地点观星，那么在你看到的诸多小"星星"中，也许有一颗根本不是恒星，而是一整个仙女座星系。

这不禁令人联想到"触达永恒"这个话题。想象一下，来自仙女座的星光在触达你的双眼之前，已经在太空中穿行了 200 多万年。当你看到它时，你几乎真的可以认为自己触达到了永恒。

我们如何跨越星际空间探访其他星体？

如果说半人马座阿尔法星 A 和 B 是距离我们最近的恒星，仙女座星系是距离我们最近的星系，那么距离我们最远的星系是谁呢？正如我们的双眼仅限于看到约 2 000 颗恒星，早期望远镜仅限于观测到大部分行星和少数恒星，现代望远镜也依然受限于当今的科技水平。据哈勃太空望远镜 2015 年的观测，EGS8p7 是迄今为止人类观测到的最遥远的星系，距离我们约 132 亿光年。

这样的距离完全超出了你我的日常经验，对大多数人来说几乎毫无意义。谁能搞清楚我们到太阳的距离（8 光分）和到海王星的距离（4 光时）与到半人马座阿尔法星 A 和 B 的距离究竟有何区别？更别提仙女座了。不过，我们可以抱着玩游戏的心态，尝试去了解一下。为此，我们需要创建一个自己的测量单位。我们就先采用天文单位（AU）这个由天文学家发明的单位吧，天文学家规定太阳到地球的距离 9 300 万英里为 1 个天文单位，即 1AU。

为了更加可视化，我们再创建一个太阳系的比例模型，我们将整个太阳系视为一个普通教室大小，在这里 1AU 对应 1 英尺。我们可以以此距离在头脑中搭建一个太阳系，甚至更大领域的虚拟模型。地球到太阳的距离是 1AU，也就是对应 1 英尺。[①]

---

① 1 英尺≈30 厘米。我之所以选用英制测量体系，是因为我的鞋号几乎正好是 1 英尺，这就非常方便。我已经利用我的双足在许多教室和报告厅"丈量"过我们的太阳系了。

照此比例，火星的距离是 0.5 英尺（AU），海王星的距离是 30 英尺（AU）。需要注意的是，人类已经能定期向火星发射火箭，而从地球到火星的这 0.5 英尺距离，火箭大约需要 7 个月的时间才能抵达。旅行者号航天器抵达海王星用了 12 年的时间。采用相同比例，距离我们最近的恒星半人马座阿尔法星 A 和 B 与我们的距离是 268 770 英尺，约 51 英里。这还只是最近的恒星。

最为直观的展示效果是在一张图上标注出相关距离，如图 1.3 所示。图中不仅逐一标记了太阳系内重要的星体，同时还标记出了旅行者号航天器的大概位置，以及半人马座星系内的恒星位置。只有图上的一条横轴稍微有些难以理解，但这却是在图上压缩和展示超长距离的唯一方法——轴上每一格的距离增量均为前一格的 10 倍。

接下来你可以利用这个距离单位，尝试自己计算我们与仙女座星系的距离。总而言之，太空实在是太大了，非常之大，难以想象的大。那么，我们如何才能满怀希望地去跨越这种超远距离，探访环绕在其他恒星周围的行星呢？

当然还是要依靠高远的志向，后面我会做进一步的解释。星际旅行不适合胆小短视的人。当我们打算穿越虚空去探访另一颗恒星周围的行星时，需要考虑的不仅仅是距离问题。这可能与你所设想的不同，太空并不是一个四处点缀着行星和恒星的真空领域。在正式研究如何前往目的地之前，我们还需要先行研究我们与目的地之间可能存在什么未知物。

首先，太空并非绝对的真空，只是接近真空；其次，在太阳系中，太阳位居中心点，它不仅仅是为太阳系提供光与热的生命之源，同时也是八大行星、已知的 5 颗矮行星[①]以及数十万颗小行星和彗星轨道的引力锚。

截至目前，太阳是太阳系中已知的最大天体，其直径约可并排放置 109 个地球，其体积约可容纳超过 100 万个地球。太阳系几乎所有的质量（99.8%）均为太阳自身的质量。作为太阳系中最大的行星，木星的体积仅能容纳区区 1 300 个地球。至于其他的行星，他们有的比地球大，有的比地球小。当你把所有的行星、矮行星、小行星和彗星的质量都加在一起时，也仅仅只是占到了太阳系那剩下的 0.2% 质量中的绝大部分，而并不是全部。

但是，仅仅是这不足 1% 的微小部分，却可能在星际飞船穿越太阳系的虚空，前往其他星系时带来不小的麻烦。太阳系在形成之时遗留下大量流星体和太空尘埃，此后小行星、彗星和行星的碰撞（或多年前发生碰撞）也会产生流星体和尘埃。

这些碎片状的陨石和尘埃以超过每秒 20 千米的速度快速运动，纵横交错，有些甚至能达到每秒 50 千米的速度。这些流星体和尘埃可能会对现行的航天器，以及我们未来可能发射到其他恒星的航天器构成潜在风险。

---

①2006 年，冥王星被"踢"出九大行星之列，被重新划分为矮行星。谷神星、妊神星、牧神星和阋神星同样被划为矮行星。

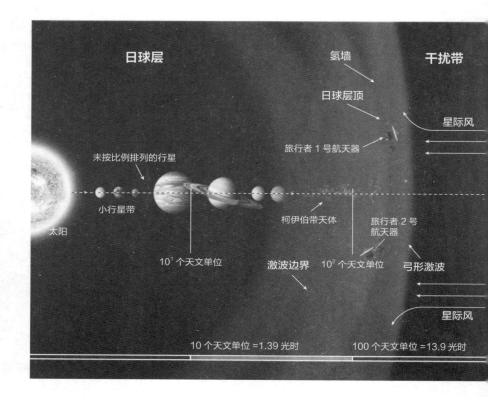

日球层　　　　　　　　　　　　　氢墙　　　　　干扰带

日球层顶

旅行者 1 号航天器　　　　　　　　星际风

未按比例排列的行星

小行星带

太阳　　　　　　　　　　　　　　柯伊伯带天体　　旅行者 2 号
　　　　　　　　　　　　　　　　　　　　　　　航天器

10^1 个天文单位　　激波边界　10^2 个天文单位　弓形激波

星际风

10 个天文单位 =1.39 光时　　　100 个天文单位 =13.9 光时

　　　小流星体的质量在 10^{-9} 到 10^{-2} 克之间，但由于其速度极快，所携带的动能也非常大。例如，一颗质量为 0.011 克，如沙粒般微小的流星体以每秒 20 千米的速度运动，其动能为 2 200 焦耳，大约是 0.22 口径步枪子弹发射后动能的 13 倍，其原因就在于速度要快得太多。子弹或流星体撞击物体时之所以会造成破坏，就是因为它们带有运动过程中产生的动能在撞击点和穿透物体的过程中转化为热量。

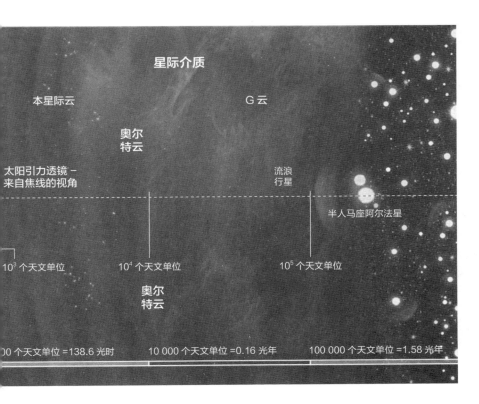

图 1.3 星际距离比例图

要想在一张图内展现太阳与最近恒星之间的距离关系实在很难，感谢凯克太空研究所的同事们以极具创意的方式帮助我们做到了这一点。上图中从左到右，依次在 6 个等宽的增量格上展示出太阳到各天体的距离，每个增量格均缩小为 1/10 倍视距，这种呈现方式被称为对数比例尺。换言之，位于第二增量格的天体实际上要比处在第一格的天体远 9 倍。第三增量格的天体则比第二格的远 9 倍，比第一格的远 99 倍。后面依次以 10 次方的比例延续，直至抵达半人马座阿尔法星，此时最后一个增量格代表的距离要比第一增量格远99999 倍。图片来源：凯克太空研究所 / 查克·卡特（Chuck Carter）。

你见过流星吗？流星是在星际空间高速运行的流星体，它们在进入地球大气层之后会与大气层激烈摩擦并持续燃烧，最终导致自身逐步失去动能，却营造出我们眼中那璀璨的一瞬和长长的星尾。这些陨落的星际尘埃和流星可能会导致地球每年增重 20 000 至 40 000 吨。

鉴于人与地球相比起来实在是过于渺小，而地球与太阳和木星比起来同样微不足道，再加上每年坠落地球上的数以吨计的宇宙尘埃，人们总以为太阳系充满了大质量的天体。尽管如此，人们仍然认为除了天体以外，"太空"基本是空无一物的。然而，事实并非如此。

"太空"不是绝对的真空状态，其中充斥着流星体和星际尘埃，它们有时掉落在地球上，有时则会撞击我们的航天器，对航天器造成不同程度的损伤——小到在其表面撞出些许凹痕，大到使其彻底报废。因此，在我们规划星际旅行时，务必将天然太空悬浮物可能造成的潜在风险考虑其中。

幸运的是，太空中的所有大型星体（行星、矮行星、小行星和彗星）所处的位置都很明确，再考虑到太阳系的广袤，所以无论以何种速度穿越太阳系，人类航天器撞击到大型星体的可能性都极低。

可惜的是，星际尘埃和流星体则不然。它们体积小、分布广，实实在在分布在太空中，始终对人类航天器构成威胁。好消息是，人类航天器与星际尘埃和流星体相撞并造成严重损毁的可能性也是极低的，历史上这种情况只发生在水手 4 号探测器身上。

不过，需要注意的是，发生此类风险的可能性与星际旅行的距离呈现出函数关系。如上所述，与未来将前往其他恒星系的航程相比，目前人类航天器的航行距离实在是短得不值一提。只要时间足够长，低概率事件也有可能发生，对以光年计算的星际航行来说，发生严重撞击的可能性是很高的。

在拥挤的"真空"区域航行

关于太空的"真空"中究竟存在什么东西这一问题我们仍未讨论透彻。除了重力和光之外，太阳还以每秒 185 英里至 500 英里的速度向太阳系迸射大量的氢和氦，这种现象被称为太阳风。一旦太阳风产生的辐射抵达地球表面，将会严重损害地球生物圈和危及地表上的生命。好在地球磁场具有屏障作用，可以改变地球周围物体的运动方向，使其远离地球。

太阳风的力量改变了地球磁场，使其朝阳的一面向内压缩，背阳一面向外扩展。这些高速移动的粒子还会对电子设备造成损害，从而使航天器逐步或迅速报废，特别是在太阳风暴期间。

在太阳风暴期间，太阳辐射排放量激增，太阳爆发并喷射出比地球更大的高能量、高密度的辐射云团，这种辐射云团向太阳系外飘移的过程中，可能会影响到地球和人类航天器。参与太空任务的工程师们为航天器的电子设备设计了抗辐射功能，但这并不能使它们完全免受辐射的影响。一旦暴露在太阳辐射下的时间过长，大多数航天器上的电子设备便会报废。

太阳系与星际空间充满了磁场。地球内部熔岩状的铁质地核会产生磁场，指南针便借此来定位方向。同理，太阳也会产生巨大的磁场，并向外扩展至宇宙空间，其范围之大，覆盖了太阳系内外的所有行星。

太阳磁场和太阳风的共同作用塑造了日球层，日球层的边缘被称为日球层顶。在这里，源于太阳、向外流动的辐射压力与穿越外层空间、来自银河系所有其他恒星向内流动的辐射压力形成精妙的平衡。许多人都认为日球层顶是太阳系和星际空间的分界线。

这些星际磁场在银河宇宙射线（GCRs，一种弥漫在宇宙空间的高能带电粒子）的生成过程中发挥着作用。GCRs 很有可能是银河系中的其他恒星爆炸时形成的，爆炸将大量高能电离原子云送入星际空间，在星际磁场的作用下进一步加速，能量变得更高。虽然 GCRs 的量并不大，但随着时间的推移，它却能损坏电子设备，危害生命体。

此外还有星际氢的问题。前文提到，日球层顶是位于太阳辐射向外的压力（主要成分为氢）与银河系其他恒星辐射向内的压力大致相等的地方。这就意味着，太阳系周围的星际空间充斥着很久以前从其他恒星和天体放射出来的氢原子。不过它们的密度很低，其在星际空间中的平均密度约为每立方厘米一个氢原子。

如果你的航行速度极快，这些氢原子与太阳外射的高能质子几乎毫无区别；一架缓慢移动的航天器被源自太阳高速运动的氢原子轰击，与另一架高速移动的航天器在缓慢运动的氢原子间冲撞、穿行所面临的情况并无区别。这种四处弥漫的原子云可能至少会影响到一种先进推进系统实现的可行性，我们会在后面的章节中深入探讨。

现在，我们对地球之外的世界有些什么已经有所掌握，但还有许多问题有待解答。这些问题包括：

- ☿ 我们如何了解人类应当探索哪些太阳系外的行星？哪一个会更像地球？

- ☿ 了解到星际旅行需要跨越的遥远距离，基于我们当前掌握的物理学和自然运行规律，人类将如何从地球出发，并最终抵达目的地？

- ☿ 我们已充分了解太阳系外层空间的环境；但当我们穿过日球层顶，开启星际空间的漫长旅程后，又会发生什么呢？

- ☿ 我们将在什么时候，以何种方式开始星际之旅？

A TRAVELER'S GUIDE
TO THE STARS

第2章

Interstellar Precursors
星际旅行先驱者

这是个人的一小步，却是人类的一大步。

登月第一人阿姆斯特朗
踏上月球表面时留给全人类的话

这时，你可能会想，"那我们什么时候才能启航？在我们的有生之年，有没有可以实现的航程？"十分遗憾，我们距离真正开启行程，前往环绕另一颗恒星运行的行星还差得远——即便是前往离我们最近的恒星。

人类探索未知的节奏可以归结为"一步一个脚印"，所以当我们想要开展星际旅行时，大概率也会照此节奏。当年，人类祖先冒险走出非洲大陆，他们多半是依靠步行。后来，人类开始驯养动物，尤其是驯养马匹，这使得人类的探索范围急剧扩张。

当某位古时的创新者构造出车轮之时，人类的探索范围再次得到扩展，同时还具备了携带货物和补给品的能力，这些都是建立早期文明所必需的条件。此后，各类创新持续不断，由轮式手推车改进为马车、火车，最后是现代汽车。

水路出行方式也从依靠游泳的有限范围，逐步过渡到依靠人力（桨）推动的独木舟、小船、帆船以及后来依靠化石燃料与核动力运行的船只，其规模接近于构成现代经济供应链中的小型城市。

航天的发展进程更为迅速。早在一万一千多年以前，人类的首支风筝便在亚洲放飞。紧接着，小型气球出现了，但是直到 18 世纪末期，可载人的大型气球才得以升空。最后，就在一百多年前，人类的第一架飞机正式起飞，此后不久我们又把火箭发射到太空，并最终登陆了月球。

如果我们将人类交通发展史上的各个里程碑与人类未来的星际旅行历程做平行比较，我相信我们一定还处于"独木舟"阶段。但这并没有什么大不了的。如果没有学会如何在河流中驾驭独木舟，我们的祖先可能就无法在技术创新上实现下一个飞跃。

要理解为何我认为人类仍处于"独木舟"阶段，就必须回顾一下迄今为止人类在太空探索方面付出的努力，以及我们目前如何计划开启人类第一次跨越太阳系边界、进入星际空间的主动性航程。

太空探索初期，首飞成功率只有 50%

早在第一次把人类宇航员送上太空之前，美国和苏联便多次发射无人驾驶的火箭。这些火箭的目的是探索太空的环境，了解机械设备如何在太空运行，以及寻找太空环境对生物的影响。

关于"地球上空应从哪里开始算作太空"这个问题，科学界始终未能达成统一观点。每当提及这个问题时，大多数人可能会凭直觉认为，太空始于地球大气层的边界处。

目前被广泛采用的定义是，太空始于海平面以上100千米（约62英里）处，即卡门线（Kármán Line）。在公制单位中，这是个美好、规整的偶数，几乎可以说这个数字完全是随意设置的。NASA则采用了另一种定义：凡是到达50英里以上高度的人，均被视为宇航员。

如果你真想把大气层的边界作为太空的起点，那么你就需要对边界高度不断做出调整。这是因为顶部大气层的密度会随着昼夜和季节的交替不断变化，其最高可达375英里。不过相对于我们的目标而言，这些数字都一样，小到不值一提。毕竟我们即将探讨的是几十或几百万亿英里的旅行。

穿越最初数百英里的高度是人类迟迟未能攻克的挑战，直至20世纪中叶，现代火箭技术才得以得到发展。然而，如果一直关注新闻你就会发现，尽管过去了这么多年，这个高度依然是人类难以跨越的。几乎每年都有至少一枚火箭出于这样或那样的原因未能抵达太空目的地。

2020年对火箭发射来说是尤其多灾多难的一年，一些惊人的败绩更是成了当时重大新闻，其中就包括：维珍轨道公司（Virgin Orbit）的发射器一号（LauncherOne）、中国的快舟和长征火箭、火箭实验室（Rocket Lab）的电子号（Electron）、阿丽亚娜空间公司

（Arianespace）的织女星（Vega）等。

在太空探索初期，大型火箭刚刚被研发出来并进行首飞的阶段，成功与失败的概率各占 50%——这已经非常不错了。冷战时期，在军备竞赛的推动下，大部分难题被迅速攻克，人类研发出性能更加强大的火箭，具备了向太空输送有效载荷的能力。

1957 年，苏联发射了世界上第一颗人造卫星斯普特尼克 1 号（Sputnik-1），此举引发了如今众人皆知的太空竞赛。整个太空竞赛可以分为两个阶段：将人类送入太空与载人航天器成功登陆月球。为了实现这两大里程碑，人类发射了数百枚火箭。

值得注意的是，在这一时期，美国和苏联都在拼尽全力将人类送往太空，但与此同时他们也都在大力开发洲际弹道导弹（ICBMs），后者是军备竞赛的重要组成部分。尽管我们喜欢将用于战争的火箭与用于和平太空探索的火箭区分开来，但真相是，虽然两者的最终目标不同，但两者需要的技术基本是相同且中立的。

太空竞赛的参与者开始相互学习，并促成各国发射了大量的实验性火箭。有相当一部分实验性火箭是在斯普特尼克 1 号之前发射的，它们并不是以火箭抵达轨道为目标，而是通过将火箭从地球上的某一地点发射，沿弹道轨迹（上升后自然下落的轨迹）抵达另一地点，从而逐步将航天器送入轨道。

1942 年，首枚火箭沿弹道轨迹触达太空，它先是从德国波罗的海沿岸一个名为佩纳明德的岛屿发射，飞抵 118 英里的高度，随后降落。这便是著名的 V-2 火箭。以将人类送往太空为目标的一系列开创性航天任务包括：

> 1959 年，苏联首次成功发射脱离地球轨道的太空探测器月球 1 号；
>
> 1959 年，美国首次将小猴子埃布尔和贝克，两只灵长类动物送入太空；
>
> 1959 年，美国的探险者 6 号拍摄了首张从太空俯视地球的照片；
>
> 1961 年，苏联成功发射东方 1 号，将宇航员尤里·加加林（Yuri Gagarin）送入地球轨道。

随后，人类又开展了多次环地球轨道的航天飞行，其中多数的飞行任务是为了给实现将人类送往月球这一目标奠定基础的。

在美国，最著名的登月前试飞系列是双子星座号系列飞船。1961 年至 1966 年，可乘坐两位宇航员的双子星座号载人飞船分别将 10 名工作人员和 16 名宇航员送入近地轨道，从而开发出后来被用于阿波罗登月任务的相关技术。

双子星座号载人飞船承担的试验任务目标是让宇航员在太空中度过长达两周的时间，在这期间他们要开展舱外活动，完善轨道机动飞行、交会和对接程序。

在这之后，服务于阿波罗计划的试验任务继续开展，其中包括阿波罗 8 号乘组人员环月轨道飞行，以及阿波罗 10 号除实际登月流程外的全程模拟飞行。尼尔·阿姆斯特朗（Neil Armstrong）和巴兹·奥尔德林（Buzz Aldrin）正是这一系列试验的受益者，他们于1969 年成功登月（如图 2.1）。

图 2.1　人类首次登陆月球的历史时刻

阿波罗 11 号任务是 NASA 的阿波罗计划中的关键里程碑，标志着人类历史上首次成功登月。该任务由三名宇航员组成：指令长尼尔·阿姆斯特朗、指令舱驾驶员迈克尔·科林斯（Michael Collins）和登月舱驾驶员巴兹·奥尔德林。1969 年 7 月 20 日，阿姆斯特朗和奥尔德林成为首批踏上月球表面的人类，这一壮举被载入史册。

　　在人类的星际探索过程中可能会采用类似的方法。首批航天试验任务已完成，我们已经进入了"独木舟"阶段。这些任务多为机器人探测计划，旨在探索和研究太阳系及其周边的行星与环境状况。值得列举的项目实在是太多了，重点是已经有多个国家成功发射航天器，这些航天器均具备穿越或环绕所有太阳、太阳系内行星、部分矮行星以及众多小行星和彗星飞行的能力。

　　在星际探索过程中，我们可以把这些惊人的工程和科学成就，等同于早期太空竞赛的弹道火箭成功发射的里程碑。这些成就是非常必要的，但仍远远不足，它们只是人类在星际空间探索道路上迈出的第一步。

　　在一众航天计划中，未来的历史学家可能会一致认同其中 5 项具有与斯普特尼克 1 号相当的里程碑意义，它们分别为：先驱者 10 号、先驱者 11 号、旅行者 1 号、旅行者 2 号和新地平线号。

　　先驱者 10 号于 1972 年发射，是首个执行飞越和研究木星任务的探测器。为何该探测器能够登上与斯普特尼克 1 号比肩的里程碑榜单呢？原因在于，该探测器是人类制造的首个达到太阳系逃逸速度的物体。

　　太阳引力与地球引力一样，只要一个物体运动的速度够快，就不会被拉回引力源，也意味着它能克服太阳引力。任何物体想要脱离地球引力，其运动的速度必须超过每秒 6.9 英里。

　　然而，这个速度还不足以脱离太阳引力，因为太阳系的逃逸速度远非地球、金星、火星或其他系内行星的逃逸速度可比的。太阳的逃逸速度（发射自地球）[①]约为每秒 26 英里，先驱者 10 号首次超越了该速度。一年之后，先驱者 11 号发射，成了首枚飞越并研究土星的太空探测器。它同样超越了太阳系逃逸速度，之后再也不会返回太阳系。

截至目前，最著名的太空探测器是 1977 年发射的旅行者 1 号和 2 号，旅行者 2 号的发射日期比旅行者 1 号还要早上几天。二者的主要任务不是研究星际空间，而是飞越气态巨行星木星和土星。这之后，旅行者 2 号还会进一步探访天王星和海王星，并首次近距离将这两颗宏伟璀璨的气态行星的样貌呈现出来。从其携带的记录可以看出，旅行者号的研发人员早在开发过程中，就计划利用旅行者号开展星际探测。

旅行者 1 号和 2 号上都带有一张镀金的视听光碟（如图 2.2），上面附有地球和各种生命物种的图片，以及不同种族的人发出的问候，一组包括莫扎特（Mozart）和查克·贝里（Chuck Berry）的作品的音乐，以及大量的科学信息和一张显示探测器来源星球的地图。

为什么要带上这样的镀金光碟呢？主要是以防万一，如果途中

[①] 我必须加上"发射自地球"的提示，因为任何两个物体之间的引力会随着距日径向距离的平方（$1/r^2$）而下降。如果我们居住在火星上，发射火箭突破行星重力的任务就会容易许多。由于火星的质量比地球小，因此火星对火箭及其有效载荷施加的引力也会比较小。再加上火星环绕太阳运行的距离比地球更远，因而也更容易达到太阳系的逃逸速度。当然，在那里我们可能会面临其他问题，比如如何在火星恶劣的环境中生存等。

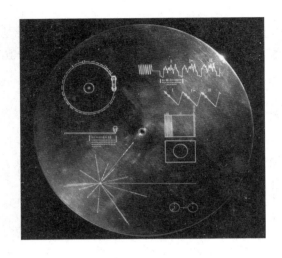

图 2.2　旅行者金唱片

旅行者金唱片收录了 115 张图像，以及海浪、风、雷等自然声音，还有鸟类和鲸鱼的歌声。此外，唱片还收录了来自世界各地不同文化和时代的音乐，以及 55 种不同语言的问候语。

"有个人"遇到了我们的探测器，并且对探测器的创造者充满好奇，他便能从中获取想要的信息。但是正如前文所述，没有数万年乃至数十万年，两颗旅行者号探测器都不可能飞抵另一个星系。

它们的航行速度实在是太慢了，以至于根本无法加速抵达任何重要目的地，更何况它们连行进方向都是错误的。如果最初就指定旅行者 1 号朝着比邻星，也就是距离地球最近的恒星前进，那么它将要花费 73 000 多年才能到达那里。我们这代人就别抱什么期望了。

深空探索的传奇：新地平线号与旅行者号

2006 年，NASA 发射的新地平线号（New Horizons）探测器飞越了冥王星，并首次拍摄到了冥王星的高分辨率图像。这颗探测器历经 9 年时间抵达冥王星，然后继续向太阳系外航行，成功进入了太阳系的逃逸轨道。在越过冥王星之后，它在柯伊伯带与天体阿罗科思相遇，该天体也称（486958）2014 MU69。

在撰写本书时，新地平线号仍在正常运行，如果我们赶在其放射性电源耗尽之前，在其限定的机载能力范围内对其轨道进行调整，那么它还能为我们提供更多柯伊伯带天体的图像。与旅行者号一样，新地平线号航天器在数万年，乃至更长的时间内都不会离开太阳系，进入另一个恒星系。

牢固耐用的设计和良好的工程制造能力使旅行者号和新地平线号得以超过服务其首要探测任务的生命周期，并继续保持正常运行，这为人类研究太阳系最外层边界及其周边的星际空间提供了一个意想不到的机会。

2012 年，旅行者 1 号穿越日球层顶，正式进入距离地球 122 个天文单位的星际空间。目前，旅行者 2 号也随时可能到达日球层顶。新地平线号预计将在 2038 年前后与旅行者系列探测器在星际空间中聚首。

维持旅行者号及其通信系统运行的核能电源将在 21 世纪 20 年

代中期耗尽。新地平线号将在 21 世纪 30 年代末面临同样的命运。这两个系列的探测器最多能够将 200 个天文单位以内的特定科学数据发送回地球。

总而言之，在星际探索领域，先驱者 10 号和 11 号、旅行者 1 号和 2 号，以及新地平线号均可与斯普特尼克 1 号相提并论。这些探测器中没有一个是专门为研究星际介质（ISM）或开展星际旅行而设计的，这一点与"二战"期间首次触及太空的德国 V-2 火箭①性质相同。

明确这些探测器都不是以研究星际介质为目标设计的，这点至关重要。这些探测器的设计初衷在于研究行星、矮行星和柯伊伯带天体。探测器上搭载的仪器包括用于拍照的光学相机以及专门用于研究行星环境的相关仪器。

在较近的星际空间里，并没有可供拍摄的大型天体，而用于研究该区域辐射的仪器也大不相同。换句话说，使用旅行者号上的仪器研究，那感觉有点像是在看一张你曾祖母的黑白照片。你可以判断出她是一个人，她穿的是什么样式的衣服，以及她的大致相貌，但你无法确定她穿的衣服是什么颜色的。

再打一个比方，假设你拿到一张大片水域的黑白照片，上面仅能

---

① V-2 火箭飞入太空是军用火箭开发测试的组成部分，该系列火箭可用于携带炸弹，并在"二战"期间攻击德国的敌对国。值得关注的是，该火箭的设计目标与实际使用目标背道而驰。在这一点上，V-2 火箭并不适合与这些纯粹用于和平探测的科学任务进行类比。

看到地平线以上的水域，你需要仅凭这幅黑白图像来判断出该水域的相关特征，包括酸度、盐度、矿物质含量、污染物程度等。同理，这些科学团队尽了最大的努力，利用现有仪器来测量、判断附近星际介质的特征，但仍有许多重要的科学问题无法得到解答。

这些探测器在离开太阳系时收集到的数据，外加地球上及近地部署的望远镜和探测仪器对星际空间进行的远程观测，激发起了世界各地科学家的兴趣，他们呼吁开展一项新的任务，专门研究太阳系以外的空间，以便更好地了解那里有着什么。

与现代进程做个类比，截至目前，人类在太空探索领域付出的所有努力只不过相当于把独木舟放入河中，然后拭目以待水流会把我们引向何方。试想，我们的火箭把探测器发射到太空中，赋予它足够的速度和能量来摆脱地球引力，甚至太阳引力，但这之后推力耗尽，探测器只能依靠惯性"飘往"目的地。

的确，人类极具创造性，能够借助推力方向的调整，使探测器飞越某些大型行星，再利用探测器与行星质量的相互作用来改变方向或加速，这类技术被称为"重力辅助"机动。

但实际上，这只不过是让水流引导独木舟越过河中央的某块岩石，或者借助一些急流，来提升独木舟的行进速度。同理，人类首次尝试探索近地星际空间也只能采用类似方法，该计划被命名为"星际探测器"（Interstellar Probe）。

针对 1 000 个天文单位以内的星际介质开展专项研究的探测

计划，绝不是什么新思路。自从太空时代来临，科学家们就一直期待着发射这样的探测器。

在旅行者号探测器穿越日球层顶进入星际空间之前，科学家对日球层的形状进行过预测，但他们的设想与旅行者号探测器上有限的仪器所发现的形状并不相同。针对距离遥远，且很少或没有实验数据、测量数据的复杂物理相互作用开展研究，科学家还要依赖复杂的模型。为了模型的准确性，又需要利用待推算的数据来校准或确认模型。这就导致在某些情况下，模型会出现错误。[①]

要印证发射此类探测器的合理性，最具说服力的证据就是拿出探测成果。1958 年，探索者 1 号成功进入地球轨道。在此之前，科学家对现在已正式命名的"范艾伦辐射带"（Van Allen Radiation Belts）[②]并不了解。在将卡西尼号探测器送入土星轨道之前，我们既不知晓土卫三十二的存在，也未曾见识土星极点肆虐的六角形风暴。

冥王星只是一颗矮行星，在发射"新地平线号"之前，即使科学家用最好的望远镜也很难将其分辨出来。现在，我们已经知道冥王星上有一个心形的氮冰冰川，是太阳系中已知的最大冰川。所有的这些发现都是抵达现场探测的结果。通过发送装备合理的探测器

---

① 这点在科学领域至关重要。模型的好坏与其推算结果息息相关。许多科学家会在特定环境或特定地点建立模型，以推算自然界的行为，然而多数模型最终被证明是不正确的。分辨模型是否准确的最好方法是用它进行推算，然后通过观察与测量来判断推算结果是否正确。

② 詹姆斯·范艾伦博士（Dr. James Van Allen）是该辐射带的发现者。

穿越太阳系，科学家们不仅能够对星际介质拥有更深的了解，同时也能加深我们对太阳系的了解。

将探测器送入星际空间后回望地球，我们就可以体验到假想中的外星人从银河系另一颗恒星遥望太阳系的视角。我们还能看到太阳是如何与恒星间的气体和尘埃互动，以及其他恒星是如何与太阳互动的。科学家将借此观察研究我们的母恒星，并将其特征与其他恒星的特征进行比较，从而进一步了解我们在更大星系中所处的位置。

"星际探测器"造价高昂，正因如此，我们这代人大概率只能发射这一颗探测器。由于所有成本均需纳税人承担，该计划需要携带各类科学仪器，以回答诸多领域的科学问题，而不仅仅是研究太阳及其影响。星际空间到底有些什么？要回答的问题还有许多。

新地平线号的首要任务是研究冥王星及其卫星冥卫一卡戎。一旦其成功完成飞越冥王星的任务，在仍可正常运行且燃料富余的情况下，新地平线号便可前往下一目的地开展研究。但是，要研究什么呢？

要回答这个问题，需要先回想一下冥王星从第九大行星降级为区区一颗"矮行星"的过程。为何会发生降级呢？其中一个原因在于（当然并不一定是最具科学说服力的原因），太阳系中有着数以百计的如冥王星一般的小型天体，它们大多位于柯伊伯带①上。

①柯伊伯带（Kuiper Belt）是以天文学家杰拉德·柯伊伯（Gerard Kuiper）的名字命名的，其位于太阳系海王星轨道之外的一个区域，在那里有许多彗星、小行星和其他小型天体，例如矮行星。尽管柯伊伯是一位知名且成果丰硕的天文学家，但他对柯伊伯带的发现并未做出直接贡献。

掌控新地平线号的科学家原本就知道，可能还可以探访其他矮行星，所以他们在探测器的设计中留有一定的灵活空间，使得其在飞越冥王星后依然保有充足的推进剂，以便尽可能地改变航向，继续造访另一颗矮行星。

当探测器发射时，科学家们尚未明确下一站会是哪里。历经近10年漫长的前往冥王星之旅，科学团队获得了充足时间，利用最好的望远镜来寻找下一个探访目标。他们最终找到了合适的目标，在飞越冥王星和冥卫一之后，新地平线号重新定位，前往探访阿罗科思，并于2019年1月完成了这一任务。

阿罗科思是在2014年被发现的，此时距离新地平线号发射已经过去了8年时间。然而，柯伊伯带可能还有数百颗矮行星有待研究。因此，星际探测器很可能被设定为在飞离太阳系的过程中，访问一颗或多颗矮行星，并对它们展开科学研究。

终于有一天，支撑该计划落地的技术能够实现科学家的雄心壮志，一个重要的关键点被解决了：直至今日，科学家要设计并打造一颗探测器，还要确保它在自己的有生之年飞越200个天文单位，几乎是一件不可能的事。

回想一下，1977年发射的旅行者1号直到2012年才抵达日球层顶，其耗费了44年时间才飞越156个天文单位到达其当前的位置，其平均速度约为每年3.5个天文单位。

现在，我们假设你是一位经验丰富的科学家，拥有领导此类探测计划的对口专业资质。当你拥有足够的经验和专业技术去设计该计划，并为相关工作争取到资金支持时，你大概率已经 40 多岁了。这之后，你再花 5 年时间去制造探测器、开展测试、准备发射——这就到了 50 岁左右。

终于，探测器可以正式发射了，它以每年 3.5 个天文单位的速度开始航行，需要 28 年才能抵达 100 个天文单位，而此时你已经 78 岁左右了。再过 114 年，探测器才能达到 500 个天文单位，而此时你将达到 192 岁左右的高龄。如果幸运的话，你的孙辈，且多半是你的曾孙，将有机会审阅这些数据。这就是我们面临的困境。

如何设计能够长久运行的航天探测器？

除了探测器运行的周期长达数十年甚至数百年外，还存在另一个难题。那就是如何才能设计出能够正常运行如此之久的航天探测器？旅行者号的设计寿命并没有实际使用中这么长，我们只是受益于极其出色的工程制造能力，再加上一点点运气。信不信由你，旅行者号的设计寿命其实只有 5 年，仅仅能够满足其飞越木星和土星，并展开研究所需的时间。

1999 年前后，我第一次参与到星际探测工作中来，当时研发"星际探测器"的方法已取得显著进展。当时，我加入了 NASA 马歇尔太空飞行中心（NASA Marshall Space Flight Center）的先进太空运输计划署（ASTP），担任首席科学家，负责一项刚刚获批的新型推进系统的太空示范项目[①]，这套系统被称为电动缆索。

就在该项目被选定后，我才被招募到 ASTP 工作，这是因为"先进太空运输计划"的核心任务是利用一根长而细的电线在太空中推动航天器运行。当时，我身边的大多数同事都是名副其实的火箭科学家，他们长期致力于提升化学火箭的研发和制造水平。

毫不夸张地说，我是团队中的一个"另类"。所以，当喷气推进实验室（JPL）打来电话，表示想聘请一位先进推进技术专家前往帕萨迪纳，与他们的团队一起工作，研究向 250 个天文单位以上的太空区域发射机器人探测器时，我自然而然地得到了这份工作。

事实上，我的办公室根本没人想去。这些阅历丰富、经验老到的火箭科学家对这项发射任务嗤之以鼻，因为他们很清楚化学火箭的局限性。就这样，他们把这份工作给了我。

在喷气推进实验室，我所融入的科学家团队，每个人都渴望能以近距离的现场视角观察星际介质，而不是像我们当时（现在也依然如此）那样，只能从远处观察。与行星探测任务不同，在一定距离拍摄星际空间的照片无法提供太多高价值的信息。

然而，实验室的科学家们都致力于了解和研究太阳周边环境的变化，以及这些变化会给太阳球体之外的星际环境带来怎样的影响，

[①] 该项目被称为小型消耗性部署器推进系统（ProSEDS），原计划于 2003 年试飞。遗憾的是，受哥伦比亚号悲剧的直接影响，该计划被取消，从未试飞过。

他们真正感兴趣的是测量带电的和中性的原子、电子、电场与磁场、尘埃的构成和能量，以及它们之间的相互作用。

为了帮你了解在如此遥远的距离研究深空中的物体是多么困难，你可以试想一下那里（任何物体）的粒子密度：每立方厘米不到 1 个原子。作为对照，我们呼吸的空气密度约为每立方厘米 10^{19} 个分子。[①]他们想要测量的磁场强度估计为 6 微高斯。相比之下，地球磁场的强度高达 0.6 高斯，比前者高出约 10 万倍。换句话说，他们想要测量的东西都十分微弱，而且距离他们非常遥远。

但是，如果将整个浩瀚的星际空间放在一起考虑，这种测量研究实际上至关重要。行星间的粒子密度和场强比地球上的要小得多、弱得多，但与星际空间中的粒子密度和场强相比却大得多、强得多。再加上，目前我们只能通过考察太阳系中的这些物体来研究太阳系外的东西——这实在不是一项简单的任务。显然，我们必须进行必要的实地测量。

好消息是，NASA 目前正在考虑付诸行动，聘请一个由约翰·霍普金斯应用物理实验室（APL）领导的团队来开展"一项实用任务架构的业务研究，包括现已投入使用的（或即将投入使用的）运载火箭、四级火箭（kick stages）、操作概念和可靠性标准"，以便在未来 20 年内完成任务。为此，APL 团队拥有约 200 名科学家和工程师

---

① 如果你觉得科学记数法不易理解，现说明如下：10^{19} = 10 000 000 000 000 000 000。也就是说，星际空间中每有 1 个原子，我们的空气中便有 10 000 000 000 000 000 000 个原子。

来判定，究竟要采用哪些科学理论和有望实施该计划的具体方法。

考虑到要穿越的距离，以及穿越该距离所需耗费的时间，毕竟我们要确保执行发射计划的科学家在探测器抵达目的地时仍健在，再加上尽早发射星际探测器这个极其明确的目标，APL 团队不断缩减可供选择的推进系统和能源系统列表，使其尽量集中在现有技术范围内。

那么，科学家的目标是多少呢？达到太阳系逃逸速度，即每年 15～20 个天文单位。回想一下，旅行者号的行进速度为每年 3.5 个天文单位。

这两个速度之间是一个非常大的差距。多年来，各种空间推进技术被反复探究，却始终各有利弊。在针对这项探测计划开展研究的大部分时间里，人们一直都在设想会有一种新型的低推力推进系统可以提供我们所需的速度，这类系统可能会被冠以科幻小说中的名字，比如电推进系统、太阳帆或磁场帆。

然而，这些先进的技术方案却没有一个足够成熟，能够让探测计划在短期内实施，科学家们最终失去了耐心，决定另选他途。

人类探测器与太阳的最亲密接触

星际探测器推进系统的首选方案是美国国家航空航天局的新款超重型火箭"太空发射系统"（SLS），该系统由两个位于太阳热能防护盾后方的附加传统固体推进火箭发动机提供动力，以帮助探测器 / 火箭发动机组实现近距离飞越太阳的航行。该距离为 5 倍太阳半径以内，约 200 万英里。作为参照，水星公转轨道与太阳之间的间隔距离是 3 600 万英里。

该方案实现了人类航天史上，探测器与太阳的最亲密接触。在最接近太阳，也就是抵达近日点的时候，固体火箭发动机将点火，在轨道上的最优时间点给探测器加速，使其提速到每年 15 个天文单位，从而使速度达到期望值，探测器也得以"呼啸着"飞离太阳系。

这种近日航行的方法被称为"奥伯斯策略"（Oberth Maneuver），以赫尔曼·奥伯斯（Herrmann Oberth）的名字命名，他是数学推演出该方法可行性的第一人。经常关注行星际探测计划的人可能会看出来，这种方法是在行星航行标准策略的基础上进行了改进，工程师们经常将这种策略应用于航天器的深空加速。旅行者号探测器曾多次采用该策略，最终才达到了当前速度。利用质量巨大的太阳可以大大提高速度。

与我在 20 世纪 90 年代初次参与星际探测器计划时的思路相比，这是一种从基础理论上就截然不同的策略。当时，科学家认为要想达到某个必要的速度，就必须采用一种全新的推进技术。我们既没有想到会出现超大型的运载火箭，也没有想到天然的强大力量会达到怎样的效果。

令人遗憾的是，采用这种策略存在一大问题。那就是，这种策

47

略在技术上钻进了死胡同。[①] 利用世界上最大的火箭尽可能地接近太阳，然后借助火箭的推进力帮助星际探测器达到既定的目标速度，之后便止步于此。基于现有的物理和工程学知识，这就是化学火箭所能达到的性能极限，无法再更进一步、达到更快的航行速度。

终究，这也只是一艘"独木舟"而已。这种方法也许可以支撑星际探测器的成功发射，但从推进技术的角度而言，对于未来更加雄心勃勃，要求更快太阳系逃逸速度的探测计划而言，这套方案几乎难有作为。

在详细探讨这个雄心勃勃的深空探测计划之前，还要说明的一点是，大量前期科学和勘测工作可以通过始终部署在近地范围的太空望远镜实现。我们用眼睛就能看到附近的星星，借助望远镜，我们能看到更远的星星，而有了太空望远镜之后，就可以达到更远的观测距离。人类已经具备建造大型太空望远镜的能力，通过其强大的光学分辨力，我们能够识别出环绕在近距离恒星周围运行的行星。

不过，这里有个问题。相较于行星反射出来的光芒，行星围绕运行的恒星要亮得多，再加上两者的距离非常近，因此，从我们如此遥远的视角来看，我们应该无法识别行星。

现在回想一下之前提到的日食会导致星光变暗的原理，我们可以据此推断出系外行星的存在。如果我们利用日食发生的物理学

---

① 事实上，将希望寄托于 SLS 可能还存在许多问题。首先，截至撰写本书时，这仍是一枚从未发射过的新款火箭，它能否投入实际使用呢？此外，探测计划实施时，SLS 是否仍然可供选择且成本在可承受范围内？

原理，来帮助我们辨别和拍摄系外行星呢？

如果你目睹过日全食的完整过程，相信这段经历你一定会终生难忘。当月亮从太阳正前方经过，完全挡住太阳光时，白昼变成黑夜，气温迅速下降，你会看到太阳那壮丽的日冕，状似长长的流光，从被月亮完全遮挡的太阳表面发散出来。此前，它们彻底隐匿在耀眼的太阳光中，故而我们无法看见。那么，利用太空望远镜，我们能创造一次人工日食来遮挡住遥远恒星的光芒，从而清晰地观测到暗淡无光的行星吗？

利用"掩星盘"来实现人工日食的思路于 1962 年被首次提出。之后，在天体物理学家韦伯斯特·卡什（Webster Cash）和麻省理工学院系外行星学家萨拉·西格尔（Sara Seager）等人的努力下，"掩星盘"得以焕发新的生机。西格尔及其团队在 NASA 的资助下，致力于一种太空望远镜的可行性研究，其中就包括一种掩星盘，或称遮星罩。

这种装置通过航天器发射至太空中，被部署在望远镜和目标恒星系之间，用来遮挡恒星的光线。以西格尔为代表的科学家得出的研究结论是：这种方法应该具有可行性。这便为下一代太空望远镜可能附带自己的掩星盘进入太空提供了可能性。

此外，还有另一种试验性方案，即在无需掩星盘的前提下拍摄一颗系外行星。该方案被命名为"太阳引力透镜"（SGL）计划。要想真正理解 SGL 计划的重要意义，我们需要讨论一下受人尊敬的物理学家爱因斯坦和他的广义相对论。爱因斯坦在狭义相对论中讲到，如果将速度提升至光速 c 作为参考系，那么恒定的光速在不同的观察角度将对时间流速产生不同的影响。

简单地说，你运动得越快，相对于没有以相同速度和你一起运动的观察者来说，时间流逝的速度就越慢。广义相对论则将空间运动和时间流速之间的联系带到另一个层次，包括质量的作用以及空间和时间的本质问题。

爱因斯坦的假设是，空间和时间是不可分割的，并且以这样一种方式耦合在一起，因此把它们描述为一体，即时空。

到目前为止，所有的观察和试验都证明这一假设的正确性。空间不可能脱离时间而存在，时间也不可能"先于"空间而出现。[①]

当你对宇宙的运行方式做出了以上假设，你就可以去思考质量或物质在宇宙中发挥着怎样的作用了。在日常生活中，我们可以观察到，光从光源到观测点之间是沿直线运动的。在没有重力的情况下，时空运行规律也是如此。但当物质被纳入其中，时空便会发生弯曲。物体的质量越大，时空的弯曲度就越大。

我们可以将整个过程形象地比喻为一张床垫。床垫平整的表面就相当于时空处于正常状态，不存在质量在其之上。在这种情况下，光会从床垫的一侧沿直线运动抵达另一侧。然而，如果将一个保龄

① 这就是科学家无法探讨大爆炸之前存在什么的原因所在。由于空间和时间都是在大爆炸中创造出来的，所以不可能有"在此之前"的时间概念，毕竟那个时候时间还不存在！

球放到床垫上，床垫表面就会发生凹陷。在这种情况下，光线要想抵达床垫的另一侧，就需要环绕球面曲线运动；光线距离球面越近，曲率越大，如图 2.3 所示。

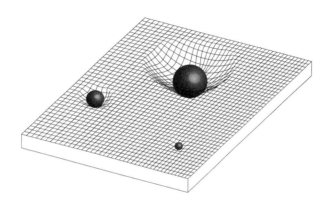

图 2.3 时空的弯曲

时空在任何有质量的物体附近都会发生弯曲; 质量越大，曲率越大。例如，太阳周边的时空曲率就要远大于地球周边。绘图: 丹妮尔·麦格里（Danielle Magley）。

同理，由于时空是弯曲的，并且光会沿着时空运动，当光线沿时空运动至保龄球附近时，则被迫跟随床垫表面的轨迹运动，最终光线的运行路线也会产生相应的弯曲。

然而，在现实生活中，这意味着什么？又有着怎样的意义呢？

要回答这个问题，让我们再次回到日常生活的话题，谈谈光学镜片，比如人们日常使用的眼镜或隐形眼镜。光线在穿过透镜时会发生折射或弯曲，因此对穿过透镜的光线而言，看起来的起源点会比实际的起源点更近一些或更远一些，这也导致通过透镜看到的物体比实际物体更大一些或更小一些。其中，凸透镜能够使光线弯曲集中形成焦点。

在时空中，大质量物体会像凸透镜一样弯曲光线。尽管这是通过完全不同的物理过程，但得到的结果相似的，处于较远位置的物体被放大，并进入视距焦点。[①]

关于广义相对论得出的这一结论，天文学家时常在观测爱因斯坦十字（Einstein Cross）或爱因斯坦环（Einstein Ring）时进行同步观测，这类现象不过是一个非常遥远的物体被一个距离较近的大质量物体通过引力形成透镜折射效应，而这个大质量物体折射后形成的焦点恰好落在我们所在的空间区域内。

那么，我们周围有什么物体质量巨大，足以弯曲时空呢？科学家发现，所有的行星都在一定程度上造成了时空的弯曲，并形成了引力导致的透镜折射效应，随之产生的焦点区域可延展至太阳系边缘以外的太空中。行星质量越小，形成的焦点就越远。太阳质量巨大，可令时空产生相当程度的弯曲，并在相距 550 个天文单位左右的区域形成一条聚焦线（图 2.4）。

物理学家斯拉瓦·图里舍夫正在为 NASA 研究该效应，并提出

---

① 特此说明：严格来讲，太阳引力透镜并不会像凸透镜那样产生单一焦点，而是形成一个爱因斯坦环，但这点过于复杂，本书难以详述。好在两者效果相同，凸透镜形成的焦点是读者最易理解的类比。

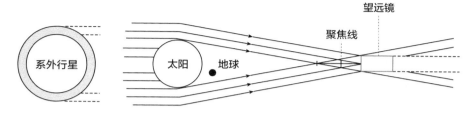

图 2.4　太阳引力透镜

　　由系外行星反射出来的光线，在太空中历经数光年后抵达我们的太阳，光线在整个过程中沿时空直线行进。在巨大的太阳附近，时空发生了弯曲。光线沿弯曲后的路径开始汇聚，最终在 550 个天文单位附近形成一条聚焦线。如果在此处部署一台配有相应图片处理技术的太空望远镜，便能对某颗系外行星进行高度细致的观测，如果那里存在着与我们相似的文明，则能很快探测出来。引自《利用太阳引力透镜进行图像复原》，作者维克托·T. 托特（Viktor T.Toth）和斯拉瓦·图里舍夫（Slava Turyshev）（《物理评论》，2021 年 6 月）。

一项研究计划，即向太阳引力焦点区域发射一个直径 1 ~ 2 米的中型太空望远镜，目的是拍摄可能适宜人类居住的系外行星，这是使用传统光学望远镜不可能观测到的。科学家有可能会对系外行星的图像进行重构，使其看起来像是从行星附近观察到的。

　　此外，科学家还提出了其他一些引人关注的科学计划，旨在逐步增进人类对周边星际空间的了解，各项计划无不要求我们航行得更远更快。如果没有新的推进技术，这些计划将很难（也许永远不可能）完成。而且要想实现这些计划，所需的技术还远不局限于此。

平方反比定律带来星际推进难题

电能问题又要如何解决？航天器需要怎样保温？如何同时为设备运行和数据传输供给电能呢？

目前的机器人航天器系列主要采用太阳能供电，因为这类航天器均在靠近太阳的内太阳系航行。但随着我们的"独木舟"不断驶离太阳，愈行愈远，太阳光也变得愈来愈暗，最终太阳将会与宇宙中的其他星体一样，变得几乎难以分辨。当这种情况发生时，航天器的太阳能电池板的供电能力会逐步减弱，最终变得无法供电。由于太阳光也遵循平方反比定律，因而这个问题比直观感觉上还要更加严重。

这个定律适用于任何点光源，比如太阳。简单来说，如果你把自己到太阳的距离增加一倍（将地球轨道至太阳的距离增加至原来的两倍），那么落在这个距离指定平面上的光量并非减半（直觉可能会令你误以为是如此），而是减少到原来的四分之一。

这意味着落在该平面上的光量只有此前在地球轨道平面上的四分之一。如果你将太阳到地球的距离增加到原来的三倍，那么落在此处的光量就会减少至原来的九分之一。相反，如果你把太阳到地球的距离减少到原来的三分之一，那么光量不止会增加到原来的三倍，而是会增加到原来的九倍。

当太阳光充足时，部署大面积的太阳能电池板来发电是最具性价比且最简单便捷的方法。航天器逐渐飞离太阳，太阳光强度迅速下降，导致可产生的电能也相应迅速下降。某些探测计划相比普通计划更加雄心勃勃，因而对电能的需求也更大。

　　例如，2011 年发射的朱诺号探测器（Juno spacecraft，图 2.5），其主要任务是针对木星开展研究，航行至木星时发电能力仅余 435 瓦。如果是在地球轨道上，其发电能力会翻许多倍，究其原因就在于平方反比定律的存在。

图 2.5　朱诺号探测器模拟图

朱诺号探测器在经过 18 亿英里的旅程后，于 2016 年 7 月 5 日成功抵达木星并进入其轨道。其观测任务与 2018 年 2 月圆满结束，随后朱诺号被引导坠入木星大气层，以焚毁的方式结束使命。这一措施是为了防止地球微生物对木星的卫星造成潜在污染，以保护这些天体的原始环境。图片来源：罗伯特·库尔斯 - 贝克（Robert Couse-Baker）

针对木星或更远地方的探测任务，航天器改为采用放射性同位素热电发电机（RTGs）来供电，热电发电机里使用的是钚电池组，通常一个电池组便可产生足够的电力来维持科学仪器的运行，并在寒冷的外太空为航天器保温，而且还能驱动通信系统将收集到的数据发回地球。单个 RTG 的发电能力约为 202 瓦，这是维系有意义的科学反馈的最低限度的电能需求。

太阳能电池只有在靠近太阳时才能发电，而且没有电池能储存几十年，为航天器供给 200 个天文单位或更远的漫长旅程所需的电力。RTG 技术是基于钚的放射性衰变原理（图 2.6）。一些衰变产物被钚周围的物质吸收，产生热量，然后通过热电偶转化为电能。热电偶是被动发电的，这意味着它们没有活动部件。

对远离太阳的航天器而言，RTG 简直就是理想之选，因为上面没有什么容易损坏或宕机的部件。RTG 的寿命限制因素是钚的 87 年半衰期。[1]

令人遗憾的是，由于输出功率取决于钚元素的量，因此输出功率也会随着时间的推移而逐渐下降。旅行者号航天器于 1977 年发射，预计上面配备的 RTG 将在 2025 年至 2030 年停止有效的电力供给，之后旅行者号将无法继续正常运行并与地球取得联系。

NASA 正在开发下一代放射性衰变动力系统，现在称为放射性

---

[1] 钚衰变为铀并释放 α 粒子时产生的热量可以生成电能。一种物质的半衰期是指该物质的一半衰变为其子产物时所需的时间。

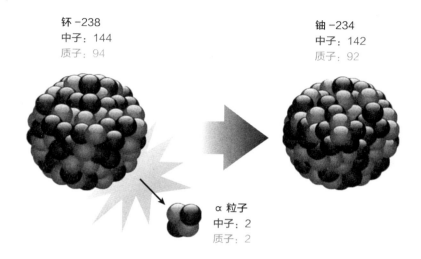

钚 -238
中子：144
质子：94

铀 -234
中子：142
质子：92

α 粒子
中子：2
质子：2

图 2.6　钚的放射性衰变

钚 -238 不稳定，会自然衰变为铀 -234，半衰期为 87 年。钚在衰变过程中会释放出氦原子（通常被称为 α 粒子），氦原子与放射性元素周边的物质发生反应，产生热能。这些热能被用来供航天器保暖并（或）少量发电，当航天器远离太阳，太阳能电池板无法发挥作用时，这些电能可用来为航天器提供动力。

同位素动力系统（RPS），可提供各种不同的输出功率和特定任务配置（如：外太空与火星表面）。下一代系统将能提供高达 500 瓦功率左右的发电能力。

那么，我们还有其他选择吗？

NASA 目前还在开发一种名为 Kilopower 的新型裂变电力系统，该系统的工作原理类似于核电站的核反应堆，发电量约为 RTG

的 4 倍。遗憾的是，该系统存在一个致命的缺陷——使用寿命。Kilopower 的设计寿命不足 20 年。

理论上讲，Kilopower 裂变系统可被视作新一代裂变动力反应堆的探路者，致力于实现可持续运行、供电百年以上的目标，使裂变电力系统成为星际探测器、太阳引力透镜，乃至于前往其他星系探测计划的供电系统备选方案。

鉴于机器人航天器在发射和太空航行阶段对能量的需求相对较少，航天器上可携带的核燃料足以使其航行 25 年至 50 年，甚至更长时间。

真要是如此简单就好了。裂变反应堆不像 RTG 那样被动地将放射性衰变产生的热量转化为电能，而是利用核裂变产生的热量使工作流体或气体膨胀，然后冷却并收缩，引发导线相对于磁铁的运动，从而产生电能。这个过程比简单的放射性衰变产生的电能更多，但它涉及的步骤也更多，同时需要更多部件，也更复杂（裂变 - 热能 - 膨胀 / 气体收缩 - 导线相对于磁铁运动 - 产生电）。

相信大多数工程师都会认同，随着时间的推移，部件多的机器往往容易磨损或宕机。设计一个可连续运行半个世纪的系统将是一项非常严峻的挑战，尽管这项挑战有着实现的可能性。

另一种可供选择的方案是电能传输。利用激光或微波向太空中的航天器输送能量应当具有可行性，而决定其实用价值的关键点与传统火箭一样，在于效率。

将有效的微波能量束从生成地传送并转化为航天器所需的电能需要以下步骤：

　① 在地面或太空中发电；

　② 将电能转化为微波能量束；

　③ 发射微波能量束；

　④ 太空传输；

　⑤ 航天器接收；

　⑥ 转换回电能。

系统的整体效率是每一单独步骤效率的综合产物。为了使系统具有可行性，每个步骤都需要非常高效。好消息是，人类非常擅长制造和操控微波。从"二战"期间雷达技术被首次广泛应用，再到 20 世纪 60 年代，微波炉作为效果神奇的快速烹饪工具被引入世界各地的厨房里，人们一直在生成和利用微波进行各种活动，并对其应用进行不断的创新。

其中最密切相关的当数现代手机网络和卫星通信。就手机网络而言，由于大型移动电话公司仅在美国就运营着数十万个信号基站，这就意味着每浪费 1 瓦的电力，累计起来便是巨额资金的损失。相关企业在技术和系统上进行研发，以提高效率和降低成本，而这样做企业也确实得到了丰厚的回报。

上述效率链中的每一步骤都具有相对较高的效率值,除了一个环节:太空传输。与太阳光和太阳风一样,任何在太空中穿越数百万或数十亿千米的微波束,都难免会随着时间的推移而产生发散效应,航天器上能够接收到的电量也因此不断减少,迫使航天器采用越来越大的接收天线来捕获尽可能多的电能,这就同时增加了航天器的重量和复杂性。

此外还有激光技术。太阳光会横跨电磁谱发出多种颜色的光,而激光不同,它的频段较窄,颜色较少。在将接收到的激光转换成电能时,这点至关重要。太阳能电池擅长将多种颜色的光(如太阳发出的光)转换为电能,但这也意味着它们不是最高效的手段,实测转换效率在 40% 以下。

也就是说,接收到的太阳光中只有 40% 的能量会被转化为电能,剩下那 60% 的能量基本作为无效的热量散失了。不过,为了实现能量转换效率的最大化,太阳能电池被设计成只在单一频率上进行能量转换,且与激光光束的频率相同,从而获得远高于 55% 的转换效率。这种效率提升的实际价值主要体现在可以采用更小的接收板,从而减少航天器的质量。

激光束在穿越太空的过程中也会产生发散效应,但它们的优势在于,起始光束要比微波更加凝聚,所以相对减少了损失。但是,由于传输距离过于遥远,途中散失掉的能量仍然相当可观。

星际传音：航天器与地球的遥远对话

现在，我们已经明确了推进系统和动力系统的备选方案，接下来就是通信系统。无论把航天器送往何方，都堪称是了不起的技术成就，但如果不能把科学仪器上的数据传回地球，那还有什么意义？两颗旅行者号航天器相距遥远，无线电信号从航天器传回地球需要至少 21 小时，反之亦然。

尽管航天器上 23 瓦的无线电功率要大于普通手机的平均功率（3瓦），但这个功率还是远远低于公共广播电台的 10 万瓦发射器。当旅行者号的信号传回地球时，其功率已降为 10 ~ 18 瓦。我们又将是如何接收和解读这个信号的呢？为了理解星际通信所面临的挑战，我们首先需要明确一些术语，然后再列出必须克服的各项挑战。

比特是数据的最小单位，通常只有一个二进制值，要么是 0，要么是 1。这是数字通信中用于传递简单信息的基本数据单元。我们以"你在那里吗"这个问题的答复为例。如果回答是"在"，那么你的答复为"1"，如果你没有在所指的"那里"或者不回答，那么答复为"0"。这种类型的数据可以按照比特每秒（bps）的速率发送。不过，通常情况下，比特是以"字节"的形式组合在一起，1 字节包含 8 比特。

我们可以将字节看作是比特的组合，用于描述字母表中的某个特定字母，英文字母表中的字母是无法仅仅通过简单的"1"或"0"

来彼此区分的。音乐则要更复杂，比如约翰尼·卡什（Johnny Cash）的歌曲《如履薄冰》（*Walk the Line*），就是由 38 081 616 个字节构成。视频需要的字节量就更大了，一部高清电影需要大约 3 000 000 000 个字节。

对于星际探测器测试或正在实际执行星际探测任务的场景下，相较于发回探访目的地的高清视频或图片，航天探测器发回"我已抵达"这类简单讯息要容易得多。这是因为，这种讯息最多只会消耗几比特的数据，但对克服重重困难成功发射航天器的科研人员而言，这类讯息显然还远远无法使其感到满足。

带宽是指基准时间内可发送的信息量，通常以比特每秒为单位。现代地面通信网络一般要服务于数百万用户，每个用户以数千比特每秒至数百万比特每秒或数十亿比特每秒的速率传输数据。要进行如此大量的数据传输自然需要大量的电力支持，成千上万固定间隔的信号塔被用来中继并增强信号，一张由铜缆和光纤电缆构成的巨型网络遍布全球。显然，太空中并不具备类似的基础设施。

链路余量是根据通信系统的功率和距离来衡量其性能的指标。和太阳光、太阳风、激光和微波一样，无线电传输的强度也会随着距离的增加而迅速下降，同样遵守平方反比定律。

我们再次以最能说明问题的旅行者号航天器为例。为了接收旅行者号微弱的无线电信号，NASA 启用了一个由抛物面天线构成的地面无线电接收网络，这些抛物面天线的口径达到了整整 70 米。

然而，随着旅行者号继续向外太空行进，其无线电信号很快将无法从地球上探测到。

好在我们有三种有效的方法来提高远距离发送和探测到的信号量：

①提升播送功率；

②提升播送和 / 或接收天线的尺寸；

③采用"免干扰"的无线电频率，即无其他用户的频率，因为它们几乎没有噪声或干扰。

采用高功率发射机的明显好处是，信号发射时拥有更大强度；当它在传输过程中不可避免地降低强度时，会有更多的下降空间。另一种方法是建造更大的天线，如果我们想明白平方反比定律是"如何"造成损耗的，那便会清楚这种做法的意义所在。

无线电波束扩散开来，使得任何给定区域内可接收的信号持续变弱。只有扩大接收面积，才能捕获更多变弱的信号。在太空中建造多个具有超大口径数英里长的天线，便可扩展信号的接收面积。想要做到这点可能没有你想象中的那么困难，我们稍后再详述。

再考虑航天器这边，上述两种方案都意味着需要体积更大、质量也更大的航天器，那么推进的问题就变得难上加难。对试验性探测计划而言，裂变或核聚变领域取得的最新进展都可提供足够的额外输出功率，以增加有效数据的传输距离。

这种强化后的电力系统，搭配创新型的轻量天线，其中很多是可展开部署的（它们在设计之初被集成为很小的体积，发射至太空后再展开，然后投入正常运行），从而将探访星际介质的范围实质性地扩大到数百个天文单位以上。虽然与恒星间互相发送信号所需要的传输距离相比还远远不够，但对试验性的探测任务来说已经足够了。

地球附近的人造无线电噪声是一个巨大的问题，这些噪声主要源于上面提到的 10 万瓦发射机和数十亿部功率仅 3 瓦的手机。此外，太阳和行星磁层（尤其是木星）产生的无线电噪声使问题进一步复杂化①。出于这个原因，科学家采用了相对"免干扰"的频率，即使用地面无线电发射机禁止使用的，同时也很少被自然界干扰的频率。旅行者号向地球发回讯息时有两种频率可供选择（2.3 吉赫或 8.4 吉赫），深空网络向旅行者号发送指令时的频率为 2.1 吉赫。

光通信的效果又如何呢？许多城市都在积极地将原本基于铜缆的互联网系统升级为光纤网络，以提升数据传输的速度。光通信系统并非利用无线电频率在空中发送信息，而是借助激光传输，具备携带更多信息的潜力。光纤传输数据的速率可以达到千兆比特每秒或兆兆比特每秒，而沉重许多的铜缆却只能达到兆比特每秒。无线

---

① 如果你有一台高灵敏度的收音机，并且知道何时收听为宜，那么你只需将收音机调至 18 兆赫或 24 兆赫，便可在地球上收听到来自木星的无线电噪声。

端应该也可以实现类似数据传输速率的提高，只是这样做并非有百利而无一害。

首先，光通信在行星大气环境中运行效果不佳，因为潮湿的大气常会吸收和散射光，此外，还有许多灰尘颗粒和气溶胶在光源和接收器之间。在太空深处，这些问题大多会不复存在。

正因如此，世界各国的宇航局都在积极利用光通信技术，开展数百万英里间的大量数据传输。这就使得从火星等地发来接近实时的高分辨率视频流成为指日可待的事情，而不是像现在这样，花费几个月的时间下载视频，然后才能观看。激光通信的发射功率更高，传输数据时可针对预定目的地精确定向，但随着光束的传播距离增加，能量密度便会下降，链路余量也会随之下降。

此外，还有一个定向的问题。采用激光通信时，对视距的要求要比采用定向无线电发射机严格得多。光束的任何不稳定都会对信号的接收产生影响。打个比方，当你在天黑后出门，当你手上的手电筒发出的光束照在下个街区的建筑物或树木上时，尽量尝试保持稳定。但你的手不可避免地抖动，于是便导致光斑发生大幅跳跃。

试想一下，我们尽量将激光束保持静止，以便数十亿或数万亿英里外的小型航天器可以"看到"传送的信号，同时避免这种超远程信号的抖动造成通信失效。

另外，由于地球自转、行星环绕太阳的公转以及太阳围绕银河系中心的运动，地球上的光束会不断发生移动。所以，这类运动均须在定向或接收光束信息时进行计算和补偿。

上面的讲述都是围绕从地球向航天器发送信息的问题。对航天器来说，必须明确其无线电天线的指向，否则它将与地球失去通信。在以数百个天文单位为基准的超远程环境下采用光通信效果如何，目前还没有定论。

NASA 的指南针——太阳物理学的十年调查

推进力、动力、通信、可靠的系统——这些都是成功的星际探测计划必不可少的部分，但其中没有一个能够充分满足需求。我们积极寻找投资人或投资机构正是为了弥补目前尚不尽如人意的部分。

幸运的是，一份用来引导 NASA 在太空科学领域投资的学术文件，美国国家科学研究委员会（National Research Council）的报告《太阳与空间科学：面向科技界的科学》（*Solar and Space Physics: A Science for a Technological Society*）（也被称为太阳物理学的《十年调查》），为我们提供了一个去申请的理由：

用于星际探测器的先进科学仪器不需要全新的技术，因为首要的技术障碍是推进问题（此外还需要小型放射性电源输出的电力，以及高可靠性和高灵敏度的太空 ka 波段通信系统）。

先进的推进技术方案可以通过国际合作来实现，其抵达日球层顶的速度目标应显著快于旅行者 1 号（每年 3.6 个天文单位）。备选方案包括仅采用太阳帆与太阳能电力推进技术或将上述技术与放射性同位素电力推进技术相结合。

专家组并不认为弹道推进技术或核电技术现阶段可投入使用。总之，为了在未来几十年实现这项十年调查的重点科研目标，SHP（太阳与日球层物理学）专题组认为，NASA 应当优先为 SPI 和星际探测器这类想象空间巨大的探测计划研发必备的推进技术。

显然，即使是在星际空间开展最基本的探测任务，也需要技术进步才能帮助我们跨越"独木舟阶段"，踏上下一个台阶。

最后借用一位著名的（可惜是虚构的）星际飞船船长的名言吧："就这么干！"

A TRAVELER'S GUIDE
TO THE STARS

Putting Interstellar Travel into Context
星际旅行的现状

20 世纪所发生的变化，比起此前一千年之和还要多。而我们即将在 21 世纪见证的种种变化，定会令 20 世纪的相形见绌。

赫伯特·乔治·威尔斯（Herbert George Wells）
科幻小说之父

现在让我们停一停，喘口气，设定一些符合现实的预期，同时也消除一些误解。

在第 1 章中，我们讨论了宇宙中那些我们想要探访、未来甚至还有可能安家落户的一些地方，以及这些地方发生的许多奇妙的事情。我们还大致介绍了超远距离带来的挑战将是多么艰巨。

在第 2 章中，我介绍了人类现阶段在外太空探索历程中所处的位置，也就是针对构成太阳系核心区的八大行星之外进行探索，以及未来几年内，围绕附近星际空间比较有可能落实的探测计划。

此外，我们还探讨了一个严峻的现实：以目前的技术，即使是向另一颗恒星发射一个小型的机器人探测器，也需要数万年的时间才能到达。所以说，星际探索实在不适合畏首畏尾的人。

跨越恒星旅行面临重重挑战

在开始讲解星际旅行所需的各项技术研发之前，我们有必要重申一下跨越恒星间超远程距离所带来的挑战，即需要怎样的动力系统才能将航天器提升到所需的速度，从而确保在一个合理的时间范围内结束旅程。我们还需要重新定义什么是"合理时间"，这可能与你想的不太一样。此外，还有一些伦理问题偶尔会出现，也需要我们去解决。

即使一架航天器能将能量全部转化为推力（这在实践中是不可能实现的），将现今最小质量的航天器（大约 1 千克），加速到光速的 10%（约每秒 186 000 英里）所需的能量大约是 450 万亿焦耳。这是一个不可想象的庞大数字，面对如此庞大的数字时，大多数人都要开始茫然了。

如果将其换成我们能够理解的单位名称，这样的数字又意味着什么呢？用发电厂里燃烧的煤举例，在理想条件下，1 千克的煤可以产生大约 2 300 万焦耳的能量。这意味着 1 千克质量的航天器需要获取大约 1 900 万千克的煤燃烧释放出的全部能量，再以 100% 的效率将航天器加速至光速的 10%。如果要将 720 千克重的旅行者号探测器加速到光速的 10%，则需要 720 倍以上的电能，相当于全球全年发电量的 0.06%。

在抵达目的地之前航天器还要进行减速，此时其对电能的需求会增加到原来的两倍之多。当涉及为前往另一个恒星的载人飞船提速所需的能量，这个数字将会变得更加难以置信。

一份载人飞船研究评议报告表明，这样的飞船质量可达到 10^7 至 10^{10} 千克。一艘质量为 10^7 千克的飞船，即使在理想的能量转换率之下，也需要惊人的 4.5×10^{21} 焦耳的能量，才能加速到光速的 10%。

要进一步满足动能需求，实现高速航行的任务之所以如此困难，主要在于各种推进系统将推进剂转化为有效推力的效率，其效率几乎都远低于 100%。此外，还有推进剂的固有能量密度问题。任何不能将高能密度推进剂高效转化为推力的系统都不具有实用价值。

为了便于理解能量转换问题，我们可以参考汽车将汽油转化为动力的效率问题。在汽车的发动机中，汽油被点燃并产生膨胀的气体云。膨胀气体的动能转化为活塞的运动，再转化为曲轴的旋转运动。转动的曲轴带动车轮，将其旋转运动转化为汽车的直线运动。当逐个步骤的低效率叠加起来时，汽油转化为汽车运动的最终总效率不足 50%。

在上述案例中，我们是从汽油开始说起的。而汽油是从石油中提炼而成的，石油提炼汽油的过程也存在低效的问题。在为星际旅行选择某种推进剂时，通常会将生产推进剂或制造推进系统时的效率损失视为无关因素，因为这并不影响航天器的总行程时间或规模大小。

然而，当我们开始研讨生产推进剂的成本和所需的基础设施时，这个问题便变得至关重要。由于这些流程的效率也不高，导致星际探测计划的整体任务难上加难。

要想在切实可行的时间内完成恒星间超远距离的航行任务，开发一种能够实现高速航行的推进系统便成为重中之重。如此之快的航行速度又可能会引发另一个潜在的问题。科学家认为，最小的星际航天器理想的质量为 1 千克，当以 10% 的光速航行时，它将拥有450 万亿焦耳的动能（因运动而产生的能量）。

如果我们的定位或导航系统稍微偏离航线，那么这枚小型探测器便可能意外地与一颗行星相撞。当这颗小型探测器以爆炸的形式撞击并释放出所有能量，其威力相当于 7 颗广岛原子弹的爆炸威力，每颗爆炸当量约为 1 500 吨。而这只是一个和普通哈密瓜质量差不多的航天器而已。

一架旅行者号级别的航天器以 10% 的光速飞行时可产生 7 900万吨的能量——相当于 5 000 多枚广岛原子弹爆炸产生的能量。而这仅仅是航天器以 10% 光速航行的情况。如果我们要实现更高速的星际航行目标，航天器在太空中航行的速度就需要超过 50% 光速。在这种行进速度下，哈密瓜大小的航天器将拥有 220 多枚广岛原子弹的能量。

因此，我们最好能确保人类的第一批星际使者不要造成误会，令我们与外星生命（如果目的地有外星生命的话）的第一次接触被视为一种战争行为。

航天器飞往半人马座需要多久？

现在我们来讨论一下完成这样一场旅行需要的时间。对居住在美洲的读者来说，这个话题可能具有挑战性，因为根据我的个人经验，我们对时间的看法与世界上其他地方的读者截然不同。

原因很简单：美洲几乎所有的建筑物都是近些年才落成的。当然，有一些由印第安人建造的仪式化墓地除外，其中一些可以追溯到 2 000 多年前。但是，我们日常生活中看到的大多数建筑，尤其是在美国和加拿大，都是在最近 50 到 100 年建造的。一些真正古老的房屋、教堂等建筑物，也许可以追溯到 17 世纪。这些古老的建筑物通常被闲置在一旁进行保护，成为热门的旅游目的地。

我们再来看看欧洲。上大学时，我有一个来自英国的好朋友。工作之后，我曾去他家拜访，那是一套位于伦敦的公寓。这是一次美妙的旅行，其间我问起他的公寓是什么时候建成的。你知道他是怎么回答的吗？

他说："这座房子还比较新，大约 19 世纪初才建好。"

"比较新？"我当时所住的公寓，也是伦敦市内及周边地区千万套普通公寓中的一套。这套公寓建成时，美国才刚刚建国 25 周年。

在欧洲大部分地区，许多仍有人居住的日常建筑均有数百年历史，当地人对此都习以为常。当我游览意大利和希腊时，这种对周围房屋及地标性建筑拥有悠久历史早已司空见惯的态度有过之而无不及。

我和妻子参观了德尔菲神庙（建于公元前 800 年左右）、奥林匹亚考古遗迹（历史可追溯到公元前 2000 年）、帕特农神庙等。你应该可以想象，许多欧洲人对历史的看法与我截然不同。对我而言，200 年前发生的事情已经算是古代史了。对他们来说，这只能算是不久前的事。

还有美丽的大教堂和礼拜堂。这些宏伟的建筑是为了纪念上帝而建造的，它们遍布欧洲的许多城市，堪称欧洲人"目光长远"的鲜活例证，而这同样是大多数南北美人所缺乏的。坎特伯雷大教堂是世界上最著名的教堂之一，其建造时间自始至终就耗费了 343 年。我们当地的教堂仅用两年时间便可建成，我实在无法想象建设委员会的下一座建筑要用 300 多年的时间才能完工。你能想象吗？

在美国，许多公司的战略和长期规划都是着眼于未来 5 年的。如果我们要进行星际探索，就需要把眼光放得足够长远，采用建造欧洲教堂那样的思维方式。我们的航天器不仅要以极快的速度穿越外太空，而且还务必要得到地球上延续数个世纪的投入与支持。

小型机器人航天器从地球飞往半人马座阿尔法 A、B 或 C——它们距离地球都差不多远（以银河系为基准），约为 4.3 光年。人类航天器以 10% 的光速持续航行，那么需要超过 43 年的时间才能抵达目的地。

我之所以说"超过"，是因为航天器在启程阶段可能会耗费一段时间才能加速到光速的 10%，而在旅程快要结束时又需要减速，这样整个旅程就至少需要 50 年的时间。在抵达目的地之后，航天器获取的数据将以光速发回地球，需要 4.3 年时间才能抵达地球上的无线电接收器，从航天器发射到第一次获取送回的数据总时长至少需要 55 年。

这还只是前往距离我们最近的恒星。考虑到能量供给问题，一艘载人飞船的速度可能要远低于 10% 的光速，从而使得航行时间更长。星际飞船的制造者、搭乘者和探测计划的管控者需要像以前欧洲大教堂的建造者那样去思考，而不是像今天的教堂建设委员会那样去做。后者在建设过程中使用强制性劳动，这实在不可取。

事实上，在美国政府内部，的确有人试图立足长远地解决问题，在星际旅行项目上，果断投入大笔资金，致力于建设一个拥有星际旅行能力的社会。起初，美国国防部高级研究计划局（DARPA）组织了一系列研究和会议，并成立"百年星舰研究"计划，该计划的目标之一是资助一家民营组织，致力于在 22 世纪大力推进星际旅行所需的思路、技术与社会变革。

为此，一个由前 NASA 宇航员、医生兼未来学家梅·杰米森（Mae Jemison）领导的团队获得了 50 万美元的资助合同。杰米森博士的百年星舰计划团队在 DARPA 的资助下，把曾经由太空爱好者和技术专家构成的小众群体融入了太空研究的主流群体，鼓励太空界大胆开展星际航行。星际旅行从此不再是一个"边缘化"的课题。

人类不可能永远待在地球这个摇篮里

然而，相关支持也给太空探索，特别是星际旅行带来了一些伦理上的问题和批评。

有人质疑："这些钱花在地球上不是更好吗？"

针对这个问题的简单答复是：所有的钱本就是花在地球上，包括支付给企业和设计人员、开发人员、管理人员及技术人员，他们分别负责制订计划、制造航天器、在航行过程中进行管控等。

这个问题真正想问的是：为什么不把钱花在提供食物、住所和医疗保健上等用来改善人们日常生活的项目上呢？这的确是一个棘手的问题，要想获得答案，只能老调重弹，把眼光放得更长远一些。

在我写作本书时，也就是 2021 年，美国政府的预算大约是 4.829 万亿美元。其中，NASA 可以分得 233 亿美元，占总额的 0.4%。相比之下，在阿波罗计划的全盛时期，NASA 曾占用总预算的 4% 左右。这样看来，如此巨大的数字几乎变得毫无意义，所以每当我讨论预算问题时，总会采用这样一种形象化的类比来帮助大家理解。

我们用一便士代表 10 亿美元，那么美国的年度预算就是由 4 829 个便士构成的一堆钱，价值约为 48 美元。如果我从中拿走 NASA 的预算，也就是 23 个便士，几乎看不出钱堆（也就是剩余的预算）发生显著变化。目前投入太空探索上的资金，对许多项目而言，只不过是个四舍五入的零头罢了。

除了支付给太空领域工作人员的工资，投入科研和探索上的资金无法给政府或社会带来即时的投资回报，但它却能产生一种非常宝贵的无形回报，即提升了我们对宇宙运行方式和周围世界的认知水平。在我们如今早已习以为常的所有现代科技福利出现之前，必然需要先通过基础理论研究为各项技术打下根基。

技术是对科学的应用。如果没有前人为了单纯的学术目的而开展的科学研究，那么我们就不会有冰箱、飞机、手机、电脑等。一百年前进行的科学投资至今仍在不断产出回报。我们今天的投资可能也要在一百年后才能收获回报。

另一个问题是："我们已经破坏了地球上的生物圈，为什么还要去别的地方搞破坏呢？"人类向地球之外扩张曾是一种既定的人文设想，几乎地球上的每个人都表示认同，无论他们是否生活在拥有太空航行能力的国家里。不过，这种情况可能正在发生改变。

在 2020 年的一次访谈中，著名的德国电影制作人维尔纳·赫尔佐格（Werner Herzog）称，在火星上定居的愿景是"一种下流的行为"。他表示，我们"不应像蝗虫那样"，在太空中四处探索并试图定居。

他的观点绝非一家之言，大量持有相同观点的文章、图书或白皮书先后发表、出版，其中大部分是由天体生物学家撰写的。他们在这些出版物中主张，即使不采取绝对禁止的政策，也应当尽量避免将地球生命传播到地球以外的地方。

尽管有些担忧的确是合情合理的，比如，人类如果在科学家确定火星上是否存在生命之前就严重污染了火星的环境，那将是一场灾难。但是，就月球、小行星和其他没有大气的天体而言，实在是没有什么令人信服的理由去限制人类的探索和定居此类星体的行为，毕竟它们都是已经确定的无生命世界。

在人类目前的认知范围内，宇宙中有且只有一个地方孕育着具有丰富情感的生物，那就是地球。许多专家都认为其他形式生命存在的可能性极大，如果它们真的存在于其他恒星系，那么其数量也一定是极少的。几乎可以肯定的是，宇宙中的大部分地方都没有生命，而且，宇宙在很大程度上来说，并不是一个利于生命存活的环境。

为了解释太空中自然环境引发的不同程度的伤害，我们举几个太阳系中的例子，就先从月球上相对温和的环境开始说起。除了基本上没有大气层，月球表面也没有地球磁场的保护，造访月球的人将暴露在高于地球 200 倍剂量的辐射中。短期内，这种风险并不严重，但随着时间的推移，持续暴露在这种相对较高的辐射环境下会导致罹患癌症的风险大大增加。

除此之外，宇航员还面临着吸入月球尘埃的风险，这些尘埃能够进入居住地，可导致各种肺部疾病和呼吸系统的不良反应。这不禁令我这位前肯塔基州东部居民会联想到黑肺病，这种疾病残害着当地的煤矿工人群体。

太阳系中最极端的辐射环境可能是在木星周围。由于其强大的磁场能够捕获并激活太阳风，任何探访木星的航天器都必须进行彻底的防护，以防止电子设备失灵，同时保护机组人员免受致命辐射的危害。

其余行星、矮行星、小行星和彗星的环境介于两者之间。放眼太阳系以外的整个银河系，一些巨大的威胁正在逼近，有可能会消灭地球及其附近区域的所有生命。其中，最主要的威胁是由超新星爆炸（图 3.1）引起的。这些壮观的超新星爆炸在宇宙中时有发生，我们的银河系大约每 50 年就会见证一次。

幸运的是，银河系是如此的广阔，超新星爆炸发生在地球附近的可能性很小，大约每 2.4 亿年才发生一次。也就是说，如果这类情况发生在距离地球 25 光年的范围内，涌入太阳系的辐射将破坏地球一半以上的臭氧层，使更多来自太阳的破坏性紫外线辐射直抵地球表面，从而给地球生物圈带来颠覆性的改变。几乎可以肯定是，这将会再一次导致地球生物大灭绝。

包括我在内的许多人都相信生命是美好的，我们应尽一切努力确保生命的存续和繁荣。假设我们只能从地球生命史中学到一件事情，那就是这里会发生危及所有生命存续的事情。

据科学研究结论，在过去 5 亿年的时间里，地球上至少发生过 5 次大灭绝事件，其间地球上相当大一部分的物种彻底灭绝。举例来说，在大约 2.5 亿年前的二叠纪大灭绝中，就有 75% 的陆地生物和 96% 的海洋生物灭亡。但幸运的是，随着时间的推移，地球上的许多生命物种得以恢复。

图 3.1　超新星残骸——铅笔星云 NGC 2376

铅笔星云是船帆座中的一个发射星云，是大约 11 000 年前爆炸的超新星遗迹的一小部分。

在星际旅行和定居的倡导者中，许多人的动机就是为了保护生命，尤其是我们这种充满智慧、会使用工具的物种。正如俄罗斯火箭科学家康斯坦丁·E.齐奥尔科夫斯基（Konstantin E.Tsiolkovsky）所说："地球是人类的摇篮，但人类不可能永远待在摇篮里。"

实现星际探索必须拥有超级思维

还有一个问题是人类技术文明的生命周期有多长。任何一个历史的研究者都会告诉你,人类文明是有生命周期的,它会历经诞生、繁荣、衰败、灭亡,最后再留下很长一段时间的混乱期。我们很有可能生活在第一个全球化的文明中,正如新型冠状病毒大流行给我们带来的经验教训所揭示的,当今世界是复杂交错且高度关联的。许多事件都存在着毁灭人类文明的巨大可能性,其中包括:核战争、瘟疫和气候变化。

万一人类文明真的崩塌,我们还有可能重整旗鼓吗?我们不敢冒这个险,真正应该做的就是尽一切可能把生命和人类文明尽量扩展到孕育人类的摇篮之外。

最后,无论我们多么努力,人类永远都无法做到尽善尽美,所以我们的生活终归会对周边环境产生影响。这种特征并不是人类所独有的,你只需要去看看河狸建造的大坝,或是被蝗虫摧毁的田地就知道了。人类的不同之处在于,我们可以选择对环境的影响程度。我们对地球生物圈造成的破坏,大部分是在我们意识到自己行为的影响之前造成的。

如今,人类正在竭尽所能,确保将未来的影响降到最低。当我们在太空探索中抵达了一个新的世界,我们并不会从头开始。到访者拥有日积月累的物种知识,他们将借助先进工具,以更环保、可再生的方式开启在新世界的生活。

最后一个问题是："星际殖民听起来简直就像是一种'宿命'，人类注定会继续犯下其在殖民时代的错误，做出各种不公正的行为，即使在后殖民时代，这种行为仍在继续。"针对这个问题的第一种解释是：在另一个恒星系的行星上建立定居点，并不意味着就要征服在那里发现的所有生命。

我认为，我们可以设立一种与《星际迷航》中的最高指令近似的规章制度：星际探险者禁止干涉外星文明的自然发展。我个人还要额外补充的是：这条规则适用于任何在那里发现的现存生命，无论其处于怎样的原始阶段。

我们的定居点并非殖民地，其使命是将地球上的生命输送到原本没有生命的地方。对我而言，生命是美好的，如果有能力将生命送到地球之外却不这样做，那将是非常不道德的。这种不作为应被视作有违道德和人类利益。

如果我们要去探访其他星系，那么我们就需要拥有超级思维：

超级遥远的距离——我们必须穿越星系；

超级充足的能量，能够支持航天器高速航行；

超级强大的基础设施，可以用来开发、建造，甚至是推进飞船；

超级漫长的时间跨度——对于宇航员和地面支持团队

而言，这是一个远超人类寿命的目标，因而也需要更长期的投入和支持；

如此宏大的事业自然需要投入超级高昂的成本；

最后，对于超级远大的志向，我们需要面向未来，而非仅仅考虑自身。

第 4 章

Send the Robots, People, or Both?

太空探索，派遣机器人还是人类？

我们的航行目标不只是要抵达其他星球，同时还要满足我们人类自身的生活习性。

菲利普·K.迪克（Philip K.Dick）
雨果奖最佳小说奖获得者

几年前，我参加过一个由得克萨斯州休斯敦月球与行星研究所（Lunar and Planetary Institute in Houston）主办的火星探测研讨会。其中一场专题研讨会的主题相当受欢迎，被人们激烈地讨论，该主题也与本章内容密切相关，那就是：我们应当继续用机器人探测火星，还是派人前往？

　　这是一个几乎全部由太空科学家和工程师出席的专业性会议，在为期数日的会议研讨过程中，与会者提交了极其详尽的论文阐释他们的观点，为我们呈现出适用于人类或机器人火星探测的相关技术与系统。当时有300多人出席了该场专题研讨会。

　　参与该议题辩论的特邀嘉宾位于会场前台，辩论相当激烈，双方成员不断提出证据来支持己方观点，也似乎完全不理解反对者为何会误解数据并反对自己的观点。身为太空探索领域的一名老兵，我已或多或少习惯了这种辩论，因为在我的整个职业生涯中，关于该议题的争论不绝于耳，相关的文章和论文我也拜读了许多。

在观众席的前排，正对辩论台和双方辩手的位置，摆放着一张空座椅，椅背上有一张白色标牌，注明该座位是为一位特殊嘉宾预留的，这位嘉宾的名字由四个字母构成——巴兹（Buzz）。

会议开始二十分钟左右，预留座位的主人才步入会场并落座。这个人便是巴兹·奥尔德林，他是登上月球的第二人。由于辩论并不是很吸引我，再加上这位嘉宾的特殊身份，我的注意力很快便从现场发言转移到了巴兹身上。我相信现场同样被转移注意力的人不止我一个。奥尔德林在座位上听着辩论，不到五分钟便站起身来。

当奥尔德林起身发言时，全场的注意力都集中到他身上。无人授意，辩论双方都自然停止了发言，所有目光都投向了这位年迈的月球探险家，真正对这个热议课题具有切身体会的极少数人之一。所有人都屏息凝神，期待着他的高见。

"自从 20 世纪 60 年代初，入选宇航员计划开始，我便参与到这项课题的研讨中。我已经充分听取了辩论双方所阐述的观点，但我有个问题想要问一问。我想问的是在座的观众，不是辩论嘉宾，"奥尔德林一边转身面向我们观众席一边说。

这里我补充一句，当时针对这场该选派人类还是机器人的辩论，观众对双方的支持率几乎是对半开。奥尔德林停顿了一小会儿，无疑是为了提高大家的期待感和现场的戏剧效果。然后他问了一个问题。

"如果有可能的话，在座会有多少人自愿报名参加一场有去无回的火星之旅？"

这大大出乎我的意料，尽管在场的科学家和工程师都充分了解这场太空之旅的巨大风险和火星上极度恶劣的生存环境，尽管由他们的亲朋好友构成的人际网络遍布在世界各地，还是有 70% 的人举了手（可能略有出入）[①]。他们当中有一些人，就在片刻之前，还坚定地站在只派送机器人进行探测的一方。

从那一刻起，这场辩论的基调便由"非此即彼"转变为"二者兼顾，只不过是时机问题"。由于人类刚开始太空探索时便确立了一种模式，当我们开始离开太阳系，去探索更加遥远的太空时，这种模式很可能会被继续沿用下去。我们会首先开展远程探测，然后我们会派出机器人探测器，在此之后才会派出人类宇航员。在尝试轨道航行之前，我们会先派出携带科学仪器往返太空的探空火箭来证明航程的相对安全。

在尤里·加加林和瓦伦蒂娜·捷列什科娃（Valentina Tereshkova）开启太空航行之前，两架机器人航天器，斯普特尼克 1 号和探险者 1 号早已环地飞行。突击者系列机器人着陆器也比尼尔·阿姆斯特朗和巴兹·奥尔德林率先一步登上月球。

---

① 我并没有举手。虽然我很憧憬参加一次为期三年的火星旅程，但我可不希望远离地球上的家人、朋友和各式新奇的美景，然后就此在火星上了却余生。

机器人探测为人类指引道路

在火星，我们有许多机器人探测任务正在一步步为人类指引道路。同样，在星际探索过程中很可能也会照此执行。也许第一个任务将会是机器人航天器以十分之一的光速飞往目标星系，此时不必携带抵达目的地后减速所需的推进系统。

在首批人类移民启程前往该目的地前，还需要机器人飞行器逐步尝试减速、环轨运行，最后在可能适合人类生存的星球着陆，并将其收集到的科学信息传回地球。只有到那时，搭载人类宇航员的宇宙飞船才会开启行程。

与机器人探测计划相比，将人类送至其他星球则要复杂得多，不仅需要更大的飞船，投入更多的资金，耗费更长的时间，而且整个过程中充满了风险。

然而，这一切都不是放弃遣人探测计划的理由。

恰恰相反，这反而强化了我们应当先行派遣机器人探测器的想法，然后等待其探测的结果返回地球。我们的机器人能力正在变得越来越强，它们的效率、智能和性能每年都在逐步提升。只有以机器人探测作为起步点才是合理的，但我们也必须认识到这种做法的局限性。

在针对火星的机器人探测计划中，我们正在采取"机器人在前，人类在后"的策略。1965 年，美国的水手 4 号探测器（Mariner 4）

成功飞越火星，将这颗红色星球的第一张特写照片传回地球，自此改变了行星天文学。

1971 年，苏联火星 2 号成为首颗被送入火星轨道的航天器，同时也计划成为首颗在火星表面着陆的探测器。遗憾的是，着陆器在下降时发生故障，最终坠毁。同年晚些时候，苏联再次尝试并取得成功，尽管着陆器的通信系统在着陆后仅维持 14 秒便发生了故障。

1976 年，NASA 向火星发射了两艘维京号探测器。抵达火星后，探测器会一分为二：一个是着陆器，一个是留在轨道上运行的飞行器，后者将环绕火星飞行，充当信息返回地球时的无线电中继器。着陆器则配备了各种科学实验设备，其中一部分仪器是用于在火星土壤中探寻生命迹象的。

两艘着陆器都是庞然大物，重达 1 300 磅①（不包括推进剂），维京号发回的数据改写了人类对这颗红色星球的认知。美国的下一艘着陆器是探路者号（着陆时重 800 磅），直到 1996 年才抵达火星，它不仅实现了着陆，还成功携带并发送了第一台火星探测车。

探测车相当于一个带着 6 个轮子的移动科学实验室，它将可探测面积从着陆点扩大到一个半径为 100 米的圆形区域，而探测车与着陆器之间的通信能力便成为其探测范围的唯一限制条件。自此，一系列轨道飞行器抵达火星，其正常运行寿命均可达到数十年，而不再是以日、月或短短数年来计算。

① 1 磅 ≈ 0.45 千克。——编者注

图 4.1 机遇号火星探测车

机遇号（Opportunity）是 NASA 研发的野外作业机器人，于 2004 年抵达火星进行探测任务，是构成火星探测漫游者任务的主要探测器之一。

多个着陆器和探测车已开始针对火星表面进行探测（图 4.1），它们均配备更加精密的科学仪器，可在距离着陆点 25 到 30 英里的范围内开展探测。随着首批无人飞艇和直升机投入使用，火星地表的探测范围还在加速扩大中。

类似的机器人行星探测的故事，几乎可以在太阳系中每一颗行星上看到，整体呈现出探测器性能越来越强大，重量越来越轻巧的趋势。NASA 正在测试新的太空通信系统，机器人探测器在不久之后便能拍摄并接近实时传输高清视频，从而帮助地球上的科学家、探索者和冒险家们实现虚拟的太空旅行。不难想象，航天器会变得越来越小，性能越来越强，它们很快便能借助自身的推进系统去探访距离地球最近的其他恒星。

然而，目前仍有一些问题亟待解决。我们的机器人探测器尚未实现完全自动化，无法即时解决问题。火星探测车仍需地球上的团队竭力操控，先向探测车发出简短指令后等待反馈，接着再发送下一条指令指示探测车行动。光速将指令往返传输的时间限定在 3 至 21 分钟，最终取决于地球和火星各自环绕太阳公转时彼此所处的相对位置。

在自动化方面，最新款的探测车已经比旧款提升了许多，但要实现 100% 的自动化程度还有很长一段路要走。然后是直觉的问题。马尔科姆·格拉德威尔（Malcolm Gladwell）在他的著作《眨眼之间》（*Blink*）中对职业直觉做出了精彩描述。这本书的简介最为精准地诠释了格拉德威尔所说的眨眼之间的决断力是何含义：“《眨眼之间》讲的是我们如何在不假思索的状态下进行思考，如何就在眨眼之间那一瞬间做出决断，实际上这并不像看起来那么简单。”

关于这个话题，最典型的案例是我在一次技术会议上听阿波罗号的宇航员哈里森·施密特（Harrison Schmitt）讲过的一个故事。施密特是一名地质学家，于 1972 年搭乘阿波罗 17 号登上月球，他是唯一一位前往月球的专业科学家。当宇航员在月球上行走时，他们在月球着陆器外活动的时间基本上是由地面指挥中心进行编排和指导的，他们通过宇航员提供的视频反馈来做出决策。

正如大家所猜测的那样，舱外操作时间有限，为了收集样本送回地球，每一分钟都极其宝贵。由于阿波罗 17 号是最后一次登月任务，他们收集到的将会是很长一段时间内最后一批运回地球的样本，因此对于阿波罗 17 号的机组乘员来说，更是时间紧、任务重。

在收集样本的过程中，施密特根据探测计划指挥中心的指令，负责在一个指定地点采集样本。在朝既定目标走去时，他注意到一个看起来更贴近探测课题、更有趣的岩层，他眨了眨眼，于是便决定从那里收集一个样本。这个特殊的样本引起了亲临现场且经验丰富的地质学家的注意，它就在那里，距离指定地点仅几英尺远，而只能远程观测的指挥小组则错过了这个样本。

最终，这个特殊的样本成为历次月球之旅带回的科学样本中最重要的样本之一。在可预见的未来里，人类的思维以及在直觉和"眨眼间"的决断力这类决策能力方面，是任何计算机都难以企及的。

世界舰可能发展出怎样的舰船文化？

最后是关于星际探索的体验层面。尽管我们可以进行一次高清晰度的卢浮宫虚拟参观之旅，清楚地观赏到《蒙娜丽莎》，但人们还是乐于花钱挤在人群中，只为能够身临其境，亲眼观赏卢浮宫的展品。

几年前，当我和妻子去澳大利亚旅游时，观赏到日落时分壮观的海岸岩石群"十二使徒岩"，那种体验令我们感触至深。这是看别人拍摄的照片所无法替代的，两种体验相差甚远。未来，相信多数人都不会满足于一张配有文字的漂亮图片，标题写着"愿你也在这里"。他们真正想要的是亲临现场，亲眼去见证。

除非人类在延长寿命方面取得突破性进展，否则，在一艘星际飞船驶离地球后，船上的星际移民将等不到活着抵达目的地的那一天。我们要停下来思考这件事。那些登上星际飞船的探索者将会在一艘人工制造、易于发生故障（任何人造物品都有可能发生故障）的飞船里生活，他们将穿越宇宙中最危险的环境，到达一个从未有人亲眼见识过的地方，那里究竟是否适合维系地球生命尚未可知。

尽管如此，我们依然拥有难以抗拒的理由要派人前往。那么，假如技术问题都得到解决，我们已经有能力建造出一艘载人星际飞船（通常称为世界舰），还有哪些问题需要考虑呢？

也许有人会负责计算出派遣多少人前往，以及挑选怎样的人前往。令人惊讶的是，许多相关的论文已经发表出来，旨在探讨至少需要派遣多少人，才能满足遗传多样性的需要，或抵御难以预料的航行灾难。不出所料，着重不同方向的研究，得出的答案截然不同。

群体遗传学家通过我们目前对遗传学的理解来看待这个问题，开发出基因遗传的数学模型，并根据初始群体的特征给出了对未来变异的预估。通过观察周围的世界和历史，我们也能学到很多经验和教训。

保护组织和生物学家通过观察野生动物种群来确定不同种群的灭绝风险，经过持续多年的观察，再对当前种群的预测结果进行评估。人类学家则通过研究人类历史、迁徙和与世隔绝的知名古老族群，来判断哪些是成功的，以及其成功背后的原因。

对一艘世界舰而言，应派遣的人数众说纷纭，从几百到几十万人不等，许多研究结论认为，一万名定居者是比较合理的配置。当然，现代生物科学为增加基因多样性提供了其他备选方案，比如将大量的冷冻人类胚胎作为运送物资，抵达目的地之后，可以历经多代人的孕育，确保遗传多样性。[1]

传统的世界舰造型设计倾向于修长的圆柱形船体，围绕其长轴缓慢旋转，为船体提供模仿重力的加速度。这种舰船可以在乘客的头顶上呈现一片开阔的天空，让乘客有种身处"户外"的感觉，从而在某种程度上缓解了幽闭恐惧症。

现今的飞船形态就比较容易造成幽闭恐惧症，主要是由于睡眠舱和活动空间过于狭小。这块人造栖息地最终的大小将取决于搭乘人数的多少，但目前的想法是将其直径设定为 1/2 英里，圆柱体的整体长度可达数英里。

---

[1] 虽然出于全面讲解的目的，这一备选方案必须被纳入进来，但本书作者在宗教和道德层面并不支持这种方案。

另一些人则认为，如果把小行星挖空作为居住空间，然后为其建造一个推进系统，缓缓地将小行星送出太阳系，驶向目的地，这将比建造巨型飞船要容易些。这种方案当然会有助于解决辐射屏蔽问题，因为大多数宇宙射线在伤及宇航员之前就已经被小行星的外部材质给阻挡了。

无论外部形态如何，这种舰船必将是体型巨大的。当我们将每个人的生活空间综合考虑在内，其中包括维持宇航员生命和健康的必需品，保护他们免受辐射和宇宙射线伤害的屏蔽层，维持照明的电力供给系统，推进系统及推进剂，再加上将各个部分连接在一起的整体架构，便开始显得难以应付了。注意，难以应付并不意味着不可能，只是较为困难而已。

若想要宇航员在航行中保持清醒的状态，星际载人飞船就必须具备某些功能与特性，比如近似地球的重力；可呼吸的空气；可饮用的水；用于居住、工作、吃饭、社交和娱乐的场地；以及在整个航程中运行的宇航员生命保障系统。可以想象，将所有这些需求综合起来，必然会构成一个超级大的飞行器。

凡是思考与世界舰上的生活相关的议题时，我们就需要将思维方式从基于物理学、生物学和工程学等各类现实技术的未来畅想中，转向心理学、社会学和政治学等社会科学的研究。此外，还可额外再添加一些伦理学和哲学。

要了解因太空旅行而造成的长期与世隔离会对少数人群形成怎

样的心理影响，人们多半会去参考 NASA 过去 20 年的相关数据。在此期间，一直有宇航员在国际空间站开展工作，且每次停留时间长达一年。

NASA 还资助过一项研究，研究课题是为期三年的往返火星之旅会对宇航员造成怎样的心理影响。虽然这些数据一定具有参考价值，但它们并不一定是最贴切的，因为世界舰上的总人数会远远大于国际空间站上的五人机组成员。

许多人会转而参考海军的情况，在海军的舰队里，规模更大的团队被安置在一艘基本自给自足的船上生活，每次出海都会与人类社会隔离数月。与拥有上万名乘员的世界舰相比，最适合作为参照物的莫过于一艘拥有 6 000 多名船员的美国海军航空母舰。

虽然船员们并非要终身航行在海上，与世隔绝，但对许多年轻人来说，每次出海那一年多的时间感觉就像一辈子般漫长。关于这个主题的很多文章都发表在与太空探索无关的期刊上，世界舰的设计师在设计过程中自然可以参照研究。

说到海军，他们会拥有怎样的舰船文化呢？很难想象世界舰是由军方派出的，这样舰组人员就需要遵守军规了。但是，被选中参与星际探测之旅的人将会和人类总人口保持同样的多样性，因此不太可能要求他们在余生中遵守严格的军事纪律。

即使能够在首批乘员中照此推行，那他们的孩子呢？船长的女儿会被训练成下一任船长吗？厨师的儿子就命中注定要接替父亲的职责，终生为全体乘员做饭吗？也许当这些星际移民的子孙们通过某种教育体系的培育后，可以经过竞争来填补这些不同的职务。

在星际航行中出生的孩子怎么办？

世界舰上应当要有层级的划分，但会是什么样子呢？无论采取何种形式，安全问题都是必须加以强调的。不管我们是否愿意承认，但人类的确是不可预测的，再加上乘员们将要承受的巨大心理压力，有些人可能会崩溃。此外，还有些人可能会消极应对舰船文化，无论是出于道德、宗教、政治、哲学，还是其他什么原因，最终都可能会采取不利于舰船安全及乘客生命安全的行动。

别忘了，如果有人心怀不满，那与在地球上不一样的是：这些人将无处可去。而且，无论飞船的设计多么固若金汤，它也不可能抵御人类蓄意破坏的影响。一个不怀好意的人便能毁掉整艘舰船。

以航空业为例。在早期，乘客购买一张机票便能登机，乘客的亲朋好友可以陪着他们一起穿过停机坪，在通往飞机的楼梯处道别。之后，20 世纪六七十年代劫机事件频发，导致机场增加了一些安全措施，机场安保人员开始采用金属探测器来排查枪支等武器。这种措施一直运行良好，直至一群意图恶意破坏的恐怖分子劫持了飞机，发动了"9·11"恐怖袭击。

如今，乘坐飞机的旅客需要经过多次身份核查，并通过全身扫描仪和金属探测器的检查，他们的行李也要接受检查。在某些情况下，乘客在登机前还要再次接受全身搜查。几乎每周都有飞机因为不守规矩的乘客或航行中的威胁因素而改变航向。我们愿意接受诸多不便，自愿放弃人身自由，只为确保飞机上的乘客数小时内的航行安全，最终抵达相对并不遥远的目的地。

但是，人们会愿意终身做出类似的牺牲吗？这样的文化听起来更像是来到了警察国家，而不是经过一场太空之旅抵达新的家园。

在星际航行中出生的孩子怎么办？如果航行时间远远超出人的正常寿命，那么可能会有好几代人在舰船上度过整个人生。他们中的一部分人完全有可能不想在新世界定居，尤其是在他们了解到地球上拥有广阔的海洋、蓝天和草原之后。强迫他们实现父辈或祖辈的梦想合乎道德吗？ ①

如果这些勇敢的星际定居者们的后代抵达比邻星 B，却发现土壤中有外星微生物，只是微生物而已，又该怎么办呢？他们应当继续执行登陆计划并在那里建立定居点吗？真的要在当地引入源自地球的动物、植物以及细菌吗？如果他们到那里后，发现了原始的、

---

① 就我个人而言，我认为在舰船上抚养孩子的道德问题并没有明确的非黑即白的答案。我在美国出生和生活。但是，是我自己要求出生在这里的吗？我能够提前选择在美国生活，而不是在英国或日本生活吗？这是一个有争议的问题，如果我们通过世界舰将人类送往其他恒星系，那么对沿途出生的孩子来说，这同样是一个有争议的问题。

没有感知能力的动物生命，但有人认为这些动物生命未来具备形成感知的潜力，那么伦理问题就变得更加棘手了。

谁来决定他们下一步该如何做？成为定居者吗？或者是遵照出发前制定的一些指导方针，类似首批星际定居者一致同意的"最高指导"，只不过这些指令并未取得其后代的同意，因为他们在这件事情上别无选择？

这些都是大问题，此外还有许多不容易回答的问题以及难以解决的挑战。如果无法解决我们面临的一些技术挑战，所有这一切都将变得毫无意义，包括先派遣机器人的思路。推进力是一切的重中之重，那么，我们要如何实现从"独木舟"阶段向第一艘帆船或电动船舶的过渡呢？

Getting There with Rockets
乘着火箭飞往星空

在面包车里，我们可以看到远处的火箭，点火后光芒万丈，如同一把利剑。当然，在现实中，这是一枚 450 万吨的炸弹，里面装满了爆炸性燃料，因此人人都对它敬而远之。

克里斯·哈德菲尔德（Chris Hadfield）
国际空间站前指挥官

执行星际探测任务将要面临诸多挑战，首先便是推进力的问题。除非你能在合理时间内把航天器送到另一个星系，否则为什么还要麻烦地去开发其他技术呢？鉴于此，我们将用两章的内容来探讨备选的推进技术方案，分析为什么有些可能有效，而另一些可能无效。本章将重点介绍利用火箭推进系统驱动的航天器。

火箭是一种利用某种推进剂提供驱动力的装置，通过朝一个方向发射，将航天器或运载工具向相反方向推进。如果你站在滑板上，朝一个方向扔一个篮球，那么你就会朝着与球运动相反的方向轻微滑动，从而简单地体验一把火箭的推进原理。

另一个例子是我们大多数人在儿时做过的事情：吹起一个气球，然后不系绳子直接放手，让它在房间里到处飞。从气球里喷出来的空气就相当于这款简易"火箭"的推进喷气，而气球本身就是被推进的"火箭"。科学家通过数学方法得出这样一个结论：火箭系统内的所有动量和能量，所有的一切加在一起总量不变，比如气球及其放飞前体内的空气，以及气球放飞后排出体内的空气。

在上文滑板的例子中，在不考虑滑板轮子和地面之间的摩擦的理想状态下，抛出篮球的质量乘以其运动速度必然等于你＋滑板的质量乘以你的运动速度。由于你＋滑板的质量远大于篮球，所以你的运动速度要小于篮球的运动速度。火箭系统也是同样的道理。通过气球来演示的火箭推进原理如图 5.1 所示。

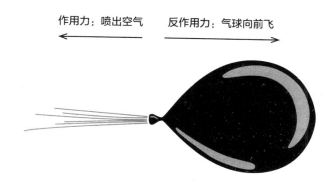

图 5.1　简化版火箭

人们最早接触到火箭推进的范例之一是他们的孩提时期，我们给气球吹气，然后认识到如果不把气球嘴绑起来，而是将它直接松开，气球就会到处飞。在图中，我们看到气球正在喷气的示意图。由喷出的空气产生的力，向左移动（简化版火箭的喷气），气球通过自身向右移动实现了平衡，导致动量未发生任何净变化（作用力和反作用力相互平衡）。绘图：丹妮尔・麦格里。

　　用于加速航天器的推进力取决于所消耗的推进剂的质量及其从发动机火箭的推进速度。此外，还有一个需要考虑的因素，那就是火箭的质量会随着推进剂的消耗而逐渐减少，这使得航天器动量的计算变得更加困难，需要用到微积分。这项计算被称为火箭方程，它几乎影响着当今太空探索进程的方方面面。不要担心我用了"方程"这个词，我决不会让你再次陷入高中代数的噩梦。

　　关于火箭方程，值得重点关注的是：为了实现高速飞行，这个方程在决定推进剂加注量方面起到了怎样重大的作用。除非喷射速度极高，否则实现加速所需的推进剂消耗量会急剧增加。推进剂的喷射速度越高，等量推进剂下所能达到的加速度就越大。

　　需要注意的是，火箭方程表达出的推进剂（主要是其质量）和喷射速度与推力的关系。推力是使火箭以一定速度飞行的动力，用这个速度加上航天器的质量，便可计算得出航天器在飞行时的动能[①]。最终的关键点是：对于一项指定任务，比如一项星际探测计划，为实现最终的目标速度，我们需要找到一种适配的火箭类型，它能以最有效的方式将推进系统的能量转化为航天器的动能，从而最大限度地缩短航行时间。

----

① 动能（运动的能量）的概念，是一个我们非常容易产生直观感受的概念。以子弹为例，当子弹从枪中射出时，子弹的移动速度非常快，能够对击中的物体造成严重伤害。现在设想同一颗子弹，不用枪进行射击，而是直接把它扔向同一个目标。无论子弹被扔向什么物体，其冲击力所产生的影响将是天壤之别。一个人无法像爆炸的弹药筒或枪支那样快速地推动子弹，因此抛射出来的子弹产生的动能较少，这也意味着其造成的伤害要小得多。

化学火箭无法飞离太阳系

有谁能不对火箭发射产生的强大爆发力和壮丽的火焰产生敬畏之心？我第一次亲眼观赏火箭发射是在夜间，因而显得尤为壮观。2000 年 12 月 1 日晚，奋进号航天飞机离开肯尼迪航天中心，在近地轨道（LEO）执行为期 10 天的任务。作为发射活动的主宾之一，我得以在贵宾区观看发射，这是普通观众获许观看的最近区域。

我随身带着一台摄像机，但被现场负责人告知无须自己拍摄。他们会提供发射的照片和视频，我们应该集中注意力，观看和体验发射过程。

随着主发动机的启动和固体火箭发动机的点火，航天飞机以前所未有的速度飞向天空，在大西洋上空划出一道漂亮的弧线。许多现场观众都眼含热泪，我也不禁泪目，这种体验实在激动人心。

发射的相关数据令人倍感震撼。在发射时，航天飞机、外部燃料箱、固体火箭助推器和所有推进剂的总重量约为 440 万磅。为了飞离地面，火箭必须借助强大的推力，也就是火箭向下喷射产生的力。别忘了，为了令火箭朝一个方向运动，就需要让火箭朝相反的方向喷射。

据此原理，为了让火箭升空，就必须朝向火箭升空的反方向，也就是朝着地面喷射。为了摆脱地球引力，火箭的推力必须大于它的重量（地球引力下的质量），火箭科学家使用推力／重量这一比值来表示火箭的性能。这个比值越高,火箭飞离地面,摆脱地球引力的性能就越强。

航天飞机的主发动机达不到飞离发射台所要求的推力/重量比,因此设计师添加了两台固体火箭发动机来提供额外的推力。每台固体火箭发动机能够提供 1 250 万牛的推力。在为主发动机添加这两台固体火箭发动机作为助力后,奋进者号航天飞机便可毅然决然地升空而起,直奔太空。

大约飞行了 2 分钟后,固体火箭因推进剂耗尽而脱离,航天飞机的主发动机开始提供推力,使航天飞机在几分钟内由每小时 3 000 英里的速度加速到每小时 17 000 英里以上,并将其安全地送入轨道。从完全静止状态到进入太空轨道,航天飞机只用了大约 8 分钟时间,实在令人印象深刻。

化学火箭也同样令人惊讶,比如用于发射航天飞机、土星 5 号和 SpaceX 猎鹰 9 号的化学火箭(图 5.2),竟然完全无法满足航天器前往其他星系的加速要求,甚至连飞离太阳系都很难做到。

为什么会这样呢?其原因在于,尽管化学火箭可以产生巨大推力并打破重力的束缚,但即使是处于最高性能的运行状态,其效率也依然不高。我们能从化学键中提取的能量终究是有限的,只能依靠火箭燃烧室中发生的化学反应来获得推力。

例如,航天飞机的主发动机就是通过燃烧液态氢和液态氧来产生推力的。航天飞机轨道器所连接的外部大燃料箱装配了约 39 万加

图 5.2　SpaceX 猎鹰 9 号火箭正在发射

　　SpaceX 公司开发的猎鹰 9 号火箭是一款中型、可回收的运载火箭。其全推力版本在近地轨道的运载能力达到 22.8 吨，而在地球同步转移轨道上的运载能力为 8.3 吨，足以满足多种航天器的发射需求。猎鹰 9 号火箭在 2010 年 6 月 4 日成功进行了首次发射，并在 2015 年 12 月 21 日实现了首次火箭回收。

仑[①]的液态氢和约 14.5 万加仑的液态氧。这些推进剂全部被用来推动飞船进入轨道，外部燃料箱会在入轨前脱离火箭。"噗"的一声，超过 50 万加仑的液体推进剂便会在 8 分钟内消耗殆尽。除此之外，还有将近 110 万磅的固体火箭推进剂在固体火箭发动机中燃烧。

---

① 1 加仑 ≈3.79 升。——编者注

　　此时大家应该能够感受到我说的低效系统是什么意思了。不过大家千万别误解我的意思，拥有高推重比的火箭仍是人类从地表升入太空的最佳方式，只不过一旦抵达了那里，我们就需要一些更有效的装置，这些装置具有更高的能量密度（每千克推进剂的可用能量），能够帮助人类航行下一个百万、十亿，甚至万亿英里。

比冲：火箭飞得越快，运载的货物越多

　　太空推进专家[1]用比冲（Isp）这个术语来比较火箭推进系统的效率。火箭的加速度取决于火箭后部喷射产生的推力与火箭重量的比值。推进剂排出的速度越快，火箭的飞行速度就越快，其运载的货物也就越多。[2]对化学火箭和其他大多数火箭而言，喷射气体通过加热实现加速的，这类火箭大体上都可以被纳入化学热火箭的行列。

　　其中的"热"是一个限定词，我们将在后面讨论其他形式的热火箭并将其与非热能火箭进行比较，这样就会更好理解这个限定词。因此，火箭的比冲值可大体衡量出推进剂从火箭后部喷射出的速度。比冲值高的火箭所需的推进剂数量要少于比冲值低的火箭。比冲值

---

[1] 请注意，我并没有称他们为"火箭专家"。许多先进的太空推进技术能在不使用任何推进剂的情况下加速航天器，这也就是说它们并不是真正的火箭。因此，从技术上讲，许多先进的太空推进技术工程师并不是火箭专家。

[2] 根据牛顿第二运动定律，$F = ma$，对质量为 m 的物体施加一个力（F），将导致该物体以速度 a 加速。应用到火箭领域，可以把推力类比为火箭加速时所受到的力。

越高，等量推进剂的情况下可获得更大的推力。比冲值高的推进系统对推进剂的利用效率更高。

我知道在不借助数学计算的情况下，这个概念并不容易理解，好在比冲值能帮我们快速进行比较。例如，航天飞机主发动机的比冲值是 366 秒，而固体火箭发动机则只有 242 秒，而猎鹰 9 号上的梅林发动机的比冲值为 282 秒。这种高性能的火箭发动机比冲值均可达到数百秒，但大多数火箭发动机的比冲值仍然很难超过 500 秒。

为什么会有这样的上限呢？简单来说，原因在于化学反应。为了令推进剂释放能量以产生推力，就需要形成化学键，而化学键的形成或断裂所能收集到的能量是有限的。我们不太可能找到一种化学火箭推进剂，能够产生 600 秒以上的比冲值。

即使是在太空中操作火箭，而不是在尝试飞离地球，化学火箭的性能同样受到其比冲值的限制。在火箭科学领域，比冲值就相当于汽车领域的燃油经济性指标，即每加仑汽油行驶的英里数。我们将使用比冲值作为一种优异性能指标，来比较各类火箭的推进性能及其对不同星际任务的适用性。

火箭方程的暴政限制了热核火箭的极限

我们如何才能提高火箭的效率？一旦能量达到了化学反应所能提供的理论最大值，我们就必须寻找其他方法为推进剂提升能量。

性能和效率都与能量和能量密度高度相关。核能怎么样？铀原子裂变释放的能量远超化学反应的可能性，试想核武器发展背后的强大动力，这点更是显而易见。我在这里提到的核能与核弹无关，而是指世界各地的核电厂每天用于发电的能量产生过程。①

在核电站的反应堆里，能量不是通过改变原子间的化学键产生的，而是通过改变构成原子的粒子在其中心相互结合的方式产生的。这个过程会使原子核分裂，物理学家将这一过程称为裂变。

当裂变发生时，分裂的部分（或裂变碎片）拥有大量动能，通过与其他原子的碰撞和相互作用转化为热能，原子在吸收裂变碎片后变热。随后，产生的热能将水加热，把水变成水蒸气，从而使得涡轮机旋转发电。

在核动力火箭中，不是通过加热水温来发电，而是通常以氢作为推进剂，流经或纵穿热反应堆，将温度加热到高达 3 000 开氏度（约2 727 摄氏度），系统熔点成为唯一的限制性要求。超热气体随后通过发动机喷嘴排出，产生推力。

为什么这个过程十分吸引人？主要是因为借助这种高温，核热系统在加热推进剂方面的效率要高得多，比冲值可达到 700 至 1 100秒；这是化学热火箭效率的两到三倍，同时令每磅推进剂为火箭提供的推力达到化学推进剂的两倍多。

当综合考虑航行时间、合理的裂变反应堆质量、所需的推进剂

---

① 趣味数据：2019 年，核电在美国的总电力里约占 20%，法国则约为 75%。

使用量、建造与驾驶核热火箭航行的所有其他现实层面时，这种火箭看起来很适合应用于太阳系的探索任务。

在服务于将人类送往火星的目标时，核动力火箭能够实现合理的往返时间，其航程将持续两三年，而所需的推进剂使用量却仅为化学火箭所需使用量的一半。如果建造并驾驶核热火箭航行，人类甚至能够借此往返木星及其卫星，而机器人航天器则能够执行冥王星乃至略远的探测任务。遗憾的是，这似乎也就是热核火箭的极限了。

通过裂变释放的能量还无法达到足够的比冲值，以满足星际旅行的现实需求。推进剂的装载量将会变得巨大，以至于飞船会因超重问题而无法加速升空。简而言之，火箭可携带（推进剂、有效载荷、框架结构等）的重量是有限的，由于添加更多的推进剂会增加总重量，因此也会增加加速所需的推进剂使用量，这样反而又增加了更多的重量，如此循环往复。

这种循环通常被称为"火箭方程的暴政"，同时也说明了为何比冲值（效率）如此重要。比冲值越高，所需的推进剂就越少，因此增加的重量也就越小。

核聚变如何应用于星际旅行？

还有另一种核反应过程可以提供驱动火箭所需的能量，与太阳生成能量的过程相同，即核聚变。顾名思义，这个反应过程在概念上很容易理解：两个或两个以上的原子被迫合并形成一个新的原子，在这个过程中会释放出能量。

当我们在地球上享受美好生活的时候，每天都在享受核聚变带来的直接益处。这是因为地球就是依赖太阳保持光亮和适宜的温度的，而这一切都归功于太阳核心正在发生的核聚变。

光芒万丈的太阳极大，倘若我们沿着太阳的直径放置地球，可以并排放置超过 109 个地球；如果太阳是一个空心球体，里面可以装下超过 100 万个地球。

太阳主要由氢构成，在引力的作用下，单个氢原子在太阳核心受到高度挤压。在这种紧密的挤压之下，其中大部分氢原子合并形成氦原子，并释放出能量。

氢原子是最简单的原子。它的原子核包含一个质子和一个电子，该形式构成了宇宙中超过 99.9% 的氢元素。[①] 太阳核聚变释放的能量产生了一个向外的压力，平衡了引力向太阳核心施加的巨大压力，从而阻止了引力对原子的进一步压迫。这些释放出来的能量最终抵达太阳表面，并自此脱离太阳表面，传导至太空中，为地球和其他系内行星提供光和热。

为了更好地理解核聚变反应释放的能量，我们应该了解一下现代科学史上最著名的方程式之一：

---

① 还有一些氢元素的形式与上述描述稍有不同，被称为氢的同位素。氘是含有一个质子和一个中子的氢原子。另一种同位素氚则包含一个质子和两个中子，状态不稳定，容易发生衰变。

$$E = mc^2$$

多亏了爱因斯坦，我们才得以了解质量（m）与能量（E）是可以通过光速（c）联系在一起的。通过这个公式，我们可以理解并计算从太阳等核聚变过程中获取的能量。

氦原子的原子核包含两个质子和两个中子，其重量仅是形成它们的质子和中子总重量的 99.3%。当氢原子聚变生成氦原子时，缺失的质量去了哪里？

正如爱因斯坦方程所预测的那样，这部分的质量被转化成了能量，也就是那 0.7% 的质量变成了能量。相比之下，燃烧的化学推进剂只能释放出其静质能的十亿分之一，且该过程是通过重新排列原子之间的化学键实现的，这个过程形成新的连接，因此产生了化合物，但组成原子的质子和中子仍保持不变。也许利用这 0.7% 质量产生的能量，便可为我们实现高效的星际旅行提供所需的高能热源。

令人遗憾的是，要在实验室里重现太阳核心自然发生的聚变过程并不简单。毕竟，要实现太阳核聚变，需要使用 1.989 × 10^{30} 千克的氢才能将原子压缩在一起，从而启动聚变过程。[1] 在地球上，我们无法获得如此巨大质量的氢，所以只能测试其他不需要太阳级巨大质量的方法。

---

[1] 1.989 × 10^{30} 千克＝1 989 000 000 000 000 000 000 000 000 000 千克。一辆普通轿车的重量＜2 000 千克。

那么，聚变反应堆如何应用于星际旅行？首先，它可以作为一个大型电源，用来为电力推进系统提供动力。或者，也可以将聚变反应直接运用于推力生成系统。此外，还可以设计一个反应堆，通过把某些核聚变的副产品从飞船的一端喷出来提供推力。

简而言之，科学家一直尝试在实验室里复制核聚变反应，并已经取得了一些成功。未来某一天，我们应该能够将核聚变反应堆小型化，从而将其置入星际飞船之中，用于探索太空。

即使针对核聚变，"火箭方程的暴政"仍会凶相毕露，不过只有当星际旅行的距离超出离太阳最近恒星时，所需的推进剂才会体现出这种暴政。

换句话说，一艘星际飞船如果采用核聚变的动力推进系统，便有可能在几百年内飞抵半人马座阿尔法星。与化学及核（裂变）热火箭相比，这样的速度听起来不错。可惜，如果我们的目标不仅是探索最近的恒星，还要探索邻近的其他星系，那么旅行的时间则会翻倍，所需的推进剂也会变得极其沉重。

无需携带推进剂的巴萨德冲压发动机

如果我们能创造一种不需要携带所有推进剂便能进行核聚变的推进系统，并在反应过程中绕过火箭方程的限制部分呢？巴萨德冲压发动机便是照此原理运作的。这个推进系统的概念最初是由罗伯特·巴萨德（Robert Bussard）博士在 1960 年提出的，概念本身非常简单：建造一架采用核聚变推进发动机的航天器，不用携带航程所需的全部氢元素推进剂，而是在航行途中从星际介质中收集。

在星际空间中，氢原子的密度大约是每立方厘米 1 个原子。所以氢原子的密度其实并不高，但如果我们能建造一个足够大的收集器，并且我们以足够高的速度航行（也许最初的航行是利用船上携带的推进剂加速的），那么这种策略便可奏效。收集到的氢原子将被用作核聚变推进系统的推进剂。

当然，也存在一些问题。首先，在星际空间中，氢的同位素在聚变过程中是最不容易利用的，除非航天器能拥有如恒星般巨大的质量及其强大的引力，否则无法形成高度挤压、引发聚变。

另一个问题则是极度的规模。同星际旅行的其他方面一样，这个收集器必须非常大，想象一下，它的直径也许要有数百甚至数千英里那么长。

2017 年的一篇题为《宇宙过河卒：置身巴萨德冲压发动机驾驶舱内》（*Tau Zero: In the Cockpit of a Bussard Ramjet*）的论文详细地研究了建造一台可实际运行的巴萨德冲压发动机具体需要什么。[1] 作者布拉特（Blatter）和格雷贝尔（Greber）设想了一艘星际飞船，船上

---

[1] 这篇论文不仅探讨了巴萨德冲压发动机的物理学原理，同时也向保罗·安德森（Paul Anderson）的经典科幻小说《宇宙过河卒》致敬，这部小说描述了一场乘坐类似星际飞船穿越银河系的旅程。无论是这篇技术论文，还是这部小说，我都强烈推荐。

配置的收集器是由地球大小的单原子层石墨烯[①]制成的（图 5.3）。在航行中，收集到的氢将用于供给核聚变反应堆，以生成能量和 / 或推力。

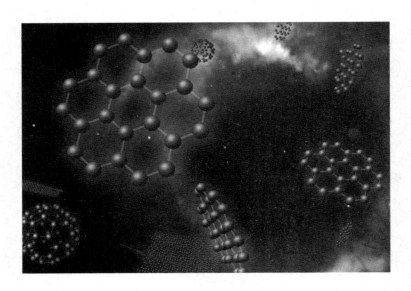

图 5.3　艺术家畅想天然石墨烯在太空中的形态（NASA）

　　令人惋惜的是，同大多数星际推进系统方案一样，魔鬼都潜伏在细节中。就像耗尽汽油的船只最终会因为在水中的摩擦而停下来一样，巴萨德冲压发动机在太空里冲击前行的过程中收集着所有的氢元素，但同时航天器也经历着摩擦。为了产生净推力，收集每个氢原子时所产生的摩擦力必须通过排放推进剂来消除，从而提高整

———————————

① 石墨烯是碳的一种形态，强度极大，约为钢的 300 倍。

个系统的效率。这在物理学中具有可能性，因而该方案也就被列在了我们的可行方案列表之中。

该方案中还包含一项有趣的附加应用。这项应用将巴萨德冲压发动机同时作为制动器，收集氢元素推进剂时获得的摩擦力被并入核聚变发动机自身生成的"反向推力"中，用于在旅程结束时减速，以降低所需的推进剂负荷。减速和加速的难度一样大，任何可能降低推进剂负荷的方案都应予以考虑。

除此之外，火箭还可采用电磁能代替热能来实现推进剂的加速。想想看，我们人类特别擅长利用电能来操控或改变自然环境。例如照明设备、空调、收音机、电视和计算机，这些创造性的应用范例都是建立在质子和电子的基本特性，以及与之相关的电场和磁场的基础之上的。你可能还记得质子带正电荷 (+)，电子带等量相反的负电荷 (-)。"电场"占据了带电粒子周围的空间区域，可以影响其他的带电粒子，这些粒子不需要"触碰"即可实现相互交流。

由于我们都是由含有质子和电子的原子构成的，所以我们通常无法从日常生活中看到这种影响，原因在于我们和周围的世界大多是电荷中性状态，即正电荷和负电荷的数量大致相等，相互抵消。不过，我们可以创造出适合的实验环境，使其中任一电荷的数量变多。从推进技术的角度来看，这就开始变得有趣了。带电粒子拥有三个特点，令其能在太空推进系统中大显身手：

① 异性相吸，同性相斥。电子相互排斥，带正电的原子亦是如此。与之相反，质子和电子间相互吸引。

② 处于电场中的带电粒子将受到一个吸引或排斥的力，这取决于产生电场的是正电荷还是负电荷，以及粒子上的电荷（＋或－）。电场将使其中无约束的带电粒子产生运动。

③ 置身磁场中的带电粒子也会受到力的作用，产生运动。物理学家称之为洛伦兹力，以第一位明确指出该现象背后物理学原理的物理学家亨德里克·洛伦兹（Hendrik Lorentz）的名字命名。

高效率的离子推进器已进入实用阶段

科学家一直在利用这些科学事实，在瑞士的欧洲核子研究中心（CERN）等地的大型粒子加速器上，从原子层面对自然界开展底层研究。在各大研究中心，科学家将原子加速至接近光速并使其相互碰撞，观察随之产生的副产品，以进一步了解构成我们日常世界的物质是由什么构成的。在电火箭领域，有时也称作等离子火箭领域，火箭类型众多，类似技术被应用于将推进剂加速至极高的排放速度，从而达到很高的比冲值。

在离子推进器中，电子从中性气体，如氙、氪或氩等较重气体中的原子被剥离出来，然后这些电子在外加电场的作用下，向发生相互作用的腔室一端加速，在脱离腔室后，形成火箭的排放。

当快速移动的气体从一端喷出时，遵守动量守恒定律，火箭便朝相反的方向运动，就如同上文描述的热火箭那样。随着作为推进剂的带电离子在飞船中生成，一团带相反电荷的电子被注入其中，使这些带电离子变成电荷中性，从而不会被吸回飞船（图 5.4）。于是，我们便拥有了一套不依赖于极端高温便可航行的推进系统。

离子推进器的效率很高，比冲值约为 3 000 秒。换言之，离子推进器的效率大约是化学火箭的 10 倍，但它也存在一个缺点，那便是离子推进器和所有电力推进系统都存在的推力极低的问题。这意味着，当这类火箭启动时，没人会感受到加速度带来的推背感，也就是宇航员在高推力、低效率的化学火箭将他们送入轨道时的那种感受。

与之相反，离子推进器提供的是一种弱小、轻柔但高效的推力。在太空中，这种温和的推力可以持续数小时、数天、数周乃至数年，之后才会达到终极速度，且远超高推力、低效率的热火箭可能达到的标准，后者在数秒、数分钟或数小时内便会耗尽所有推进剂。在完全脱离地球引力的情况下，你将不再需要极大推力，只需要保持一定推力即可，而且自然是效率越高越好。

依赖太阳光提供动力的离子推进器目前已进入实用阶段。最著名的例子是美国的黎明号探测器，其主要任务是对谷神星和灶神星这两个体积最大的小行星开展研究，利用航天器的离子推进器从一颗小行星航行到另一颗小行星。由于所需推进剂的数量巨大，化学火箭几乎不可能完成这一壮举。此外，离子推进器还被投入商业用途之中，可帮助地球轨道通信卫星在极长一段时间里保持固定位置。

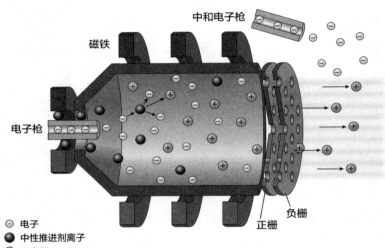

图 5.4　离子（火箭）推进器

　　电火箭看似更复杂，它们可能也确实更复杂，但原理上它们和其他火箭是一样的。都是从一侧喷射排放物，形成一个静推力，将火箭推向相反的方向。在本例中，高能电子被射入一个充满电荷中性气体的腔室。进入的电子从中性气体的原子中剥离出电子，使一些原子带有净正电荷。然后，外部施加的磁场加速这些带正电的原子（图中右侧），将其作为排放物喷出。 为了使带电原子远离航天器，额外的电子会被注入排放物中，如果能量水平合适，这些电子可以附着在带正电的离子上，并再次使其恢复中性电荷。图片来源: 乌娜·莱萨宁（Oona Räisänen），维基共享资源（CC BY-SA 3.0）。

电火箭：星际探测计划优质的备选方案

当然，离子推进器还远不是最高效的电力推进系统。当工程师们开始同时利用上文中列出的三种带电粒子特性时，便可制造出比冲值超过 10 000 秒的电磁火箭。

我们举一个名字相当唬人的例子，磁等离子体动力（MPD）推进器，它的工作原理是利用磁场形成加速度，然后将流入腔室电离推进剂加速，最后将其送出排气室从而提供推力。通过磁场加入的洛伦兹力提供了各种不同的推力与效率组合，使得 MPD 推进器理论上可拥有相当好的推力和高达 6 000 秒的比冲值。

电火箭还有一些其他种类，每一种都以自己独特的方法来定向电场和磁场，以获取推力。其中包括：可变比冲磁等离子体火箭（VASIMR）、霍尔效应推进器、胶体推进器等。

它们各有优缺点，但就真正的星际旅行而言，仍存在一种共同的限制：尽管电火箭的效率比化学火箭或核热火箭高 10 倍到 100 倍，但它们效率仍不足以把我们送往其他恒星，只因为"火箭方程的暴政"仍在起作用。

然而，在前往附近的星际空间时，电火箭仍是前期无人星际探测计划非常不错的备选方案。研究表明，只要有足够的动力使其运作，电火箭便可在合理的推进剂负荷下，以充足的效率实现所需的速度。

为了达到离开太阳系所必需的速度，电火箭需要在距离太阳越来越远的情况下保持长时间的运行。太阳能显然不可能为其提供动力，它们必须携带电源，或从其他地方获取能量。

火箭排气速度达到光速会怎样？

自然界的速度极限是光速。如果火箭的排气速度达到光速会怎样？当然，火箭的排气速度自然是越快越好的。但是，有什么能比光速更快呢？当然没有，因为这里存在一个问题。宇宙中唯一允许如此高速运动的物质是光，而光子是没有静止质量的。

那么，根据经典物理学[①]，喷射速度达到光速的火箭，其动量应该为零。任何速度，包括快到惊人的光速，乘以零仍然等于零。假设我们开始以接近光速的速度行进，那么经典物理学便会开始偏离现实中的自然运行规律。

顾名思义，光子是以光速传播的。科学家测量了光的动量，发现其动量确实很小，但是大于零的。因此，光不是没有动量，而是可以携带动量的，应当可以为飞船提供推力。那么，光子的动量取决于它的能量，其依旧是一个非常小的值。但是，如前所述，它并不是零。因此，当人类想在通往其他恒星的旅程中加速时，也许只需要打开一盏灯即可，应该没有什么比这更加优雅的方法了。

---

① 经典物理学是一个术语，用来描述我们在宏观层面和远低于光速的速度下对世界的理解。

简单解释光子火箭的概念就是，利用某种机载动力系统来产生能量，然后将其高效转化为光束，用于提供推力。最理想的情况是，无需对推进剂加热或加速，只需利用机载电源生成光即可。这听起来是不是很棒？如果光子能够携带更多动量，那的确如此，只可惜事实并非如此。假设生成的能量几乎 100% 转化成光子，那么每一牛的推力将需要 300 兆瓦的电量。

打个比方，燃煤发电厂的产能大约为 500 兆瓦，如果将其缩小到可以随火箭航行，那么其产出的电能也只转化成 2 牛的推力。产生 1 牛的推力所需的能量远不足以推动一艘重量超过 10 吨的航天器。[1] 简单计算一下，假设航天器采用核裂变来产生动力，且其效率能达到人类可预想的最佳值，当然这个效率值还是远未达到 100%，我们会发现要将约 10 吨重的航天器加速到 10% 的光速，所需的核燃料质量将是个天文数字。

如果将那种老式的裂变系统换成效率更高的动力系统，会怎么样？比如换成核聚变动力系统会怎么样？在燃料质量一定的情况下，核聚变释放的能量大约是核裂变的 4 倍。当然，这肯定是更有效的改变，只不过将核燃料的质量减少到一个天文数字的四分之一仍然是不可想象的。别忘了，我们所做的计算只是为了加速一个 10 吨重的航天器。

不过，也许还有另一种方法。此前，我们讨论过巴萨德冲压发

---

[1] 相较之下，航天飞机的主发动机可产生大约 200 万牛的推力。

动机，它是依靠收集星际空间中的氢元素作为聚变反应的燃料和火箭喷气的。如果收集到的氢元素只用于光子火箭的聚变反应，而推力则通过光子喷射来获取会怎样呢？再次参阅布拉特和格里伯的论文你就会发现，这种方案是有可能实现的。

当然，为了将其实现，你不得不为这套方案再制作一个大小如地球、厚度仅为一个原子的氢元素收集器，同时将所有的摩擦力和其他不利影响考虑在内。

但是，至少从数据层面来看，这套方案是可行的。如果方案无效，那么哪怕仅在航天器的质量上再添加一小部分所需的燃料，也会使问题变得困难许多，因为飞船将需要更多的核燃料来加速额外增加的质量，这样做飞船的质量将不断增加下去，形成恶性循环。

怎样操控 100% 能源转化率的反物质火箭？

下面再介绍一种方案。如果大自然提供了一种方法，能够将所有的核燃料质量以 100% 的效率转化为能量，会怎么样？这样的话，我们需要解决的就只剩下如何利用这些能量的问题了。它们不仅可被用于驱动光子火箭，还可被用于驱动某种依靠反应物料驱动的传统火箭如化学火箭或电火箭。当然，它们也适用于这两种火箭混合的方案。大自然为我们提供了这样一种方法，那就是反物质。

为了驱动星际飞船，到目前为止，我们所讨论的能量生成反应均属于化学与核物理领域：化学火箭和电火箭主要涉及原子和分子之上或之间的电子重新排列问题；核裂变与核聚变火箭则通过质子、中子及原子核之间的相互作用产生能量；光子火箭喷射的光子流，也是通过操控电子来实现的。物理学现在提供了一种奇特的物质形式，同样是在原子层面，是我们能够研究的所有物质中能量最强的反应。

反物质这个名字听起来仿佛来自科幻小说，它指的是一种物质状态，它也确实经常出现在太空电影或科幻小说中，从而使创作者显得学富五车。反物质是真实存在的，每一天自然界中都会产生反物质，尽管数量很少。

这种反物质究竟是什么，我们如何利用它来驱动星际飞船？为了回答这个问题，我们需要将话题暂时转移到粒子物理学。

粒子物理学旨在研究构成宇宙万物的最小可探测粒子，以及它们之间的基本相互作用。正如质子、中子和电子构成了原子，原子又构成了我们所能接触到的一切，反物质也是由更小的物质构成的。举例来说，质子由两个"上"夸克（每个带三分之二的正电荷）和一个"下"夸克（带三分之一的负电荷）构成，"上""下"两个夸克又通过胶子结合在一起。

在构成物质的基本粒子汤中，存在着被称为 μ 子、中微子和介子的粒子，它们主要由正极、负极和中性等各式介子组成，粒子又通过混合匹配构成了我们的物质世界。当大量的亚原子粒子首次被发现时，由于数量众多，科学家开始将这个大家庭称之为"粒子动物园"。

让我们再将视角拉回到原子层面，自然界中存在着反质子和正电子，前者是质量相同，但电荷相反（–而非＋）的质子，后者是带正电荷而非负电荷的电子。这些粒子依次是由反夸克等更小的粒子构成的，我们对此将不再进行深入研究。那么，反物质究竟有什么特别之处，以至于我们能把它视作一种新的能源呢？

如图 5.5 所示，当一个电子和一个正电子碰撞时，会发生湮灭，并将其质量中所蕴含的所有能量转化为纯能量。质子和反质子也是如此，但它们释放的能量更多，因为它们的质量更大；每个质子（反质子）的质量大约是电子（正电子）的 1 836 倍。

让我们用日常事物来解释一下能量释放的过程。物质／反物质的湮灭过程将质量完全相等的反物质和物质转化为能量。我们试想手中有一颗"葡萄干"，重量约为 1 克。现在我们将它一分为二，假设一半由正常物质组成，另一半由反物质组成。把两块"葡萄干"放在一起便会释放出大约 9×10^{13} 焦耳的能量。1 000 吨 TNT 炸药可释放的能量约为 4×10^{12} 焦耳。

这就意味着，当我们把物质和反物质"葡萄干"结合在一起时，其释放的能量相当于 2.15 万吨炸药爆炸产生的能量，其威力大致等于"二战"期间投在日本广岛的原子弹。只不过，为了便于大家理解这种能量的大小，我们不得不提到在战争中运用的武器，这实在令人感到悲叹。

还有比这更简单的事吗？令人遗憾，事情远非我们想象中的那

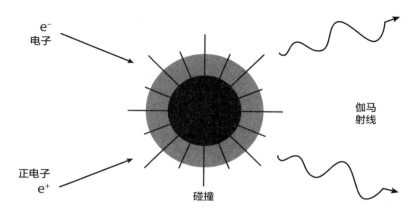

图 5.5　反物质湮灭

当一个电子和一个正电子碰撞时，两者所有的静质能均以伽马射线的形式转化为能量。绘图：丹妮尔·麦格里。

么简单。使反物质如此吸引人的原因，同时也是运用它的致命难点，那就是：如何安全地捕获或制造反物质并将其储存起来，以备使用？

反粒子以宇宙射线的形式在宇宙中生成，它们与地球大气中的原子相互作用，将其粉碎还原为亚原子粒子，这些亚原子粒子随后重新组合成其他原子，其中就包括一些反质子和正电子。一些宇宙射线本身就是反物质粒子，它们在太空中发生的高能活动的区域中形成，最终抵达地球的大气层。

此外，地球上的各家各户也会生成反物质粒子，比如就在你家的厨房里。有些人吃香蕉是为了获取钾元素，香蕉中也的确是以钾元素为主，但其中同时还混杂着少量的钾 -40 原子。钾 -40 是一种天然存在的钾同位素，会发生自发衰变，大约每小时释放一个正电子。好在不用担心，正电子会立即遭遇一个普通电子并湮灭，其间释放的极小能量会非常迅速且难以察觉地转化为热量。

人类在高能粒子加速器中也能制造出反物质，比如欧洲核子研究中心就有一个粒子加速器。当质子以接近光速的速度碰撞时，会被分解还原为亚原子粒子，在这个过程中，一些反物质也随之产生。当然，反物质还可以通过其他方式产生。

总之，所有的方式都涉及高能碰撞或与普通非反物质之间发生的其他相互作用，最终才能生成反物质粒子。正如你想象的那样，生成反物质之后要想将其储存起来，以备日后使用，同样具有相当大的难度。毕竟，宇宙的主体是由正常物质构成的，一旦反粒子遭遇普通粒子便会发生湮灭。

幸运的是，正电子和反质子均携带电荷，这就意味着可以通过电场或磁场对其进行操纵和引导，就像电火箭中运动到电子和离子那样。通过这种方式可将反物质引导至真空中设置的磁阱里，从而实现长期储存，在那里它们不会遭遇任何正常物质而发生湮灭。

当然，这种存储方式的假设前提是我们能够在储存反物质的腔室内创造出绝对的真空环境。真空中的任何残留原子都将成为反物质的湮灭源，导致其过早与物质发生反应，待到真正需要使用时反物质就供给不足了。创造一个绝对的真空环境并不容易，需要巨大的真空泵，并以极冷的温度"冻结"真空室中的残余气体。此外，还需要将冻结的原子从真空室中取出的方法。

科学家已经能够成功操控正电子与反质子结合形成反氢，这可能比气态或电离的反物质更容易长期储存。

物质与反物质相互作用会释放出能量，但这具体意味着什么呢？这就意味着，能量不是某种神秘的蓝光，而是快速移动的粒子、不同波长的光与热的混合物。质子遭遇反质子湮灭产生介子的混合物，之后迅速衰变为电子或正电子、μ子、伽马射线和中微子。

中微子几乎没有质量，这也就意味着它们几乎不会发生任何对人类有利的相互作用，也不能被用来生成有效的推力。介子、μ子、电子或正电子要么是带电的，要么是电中性的，它们以光速或接近光速运动。我们可借助电场和磁场对带电粒子进行引导，像电火箭那样产生高排气速度的推力。另外，如果人类希望用反物质作为动力源制造光子火箭，则需使用电子 - 正电子燃料，因为它们的湮灭产物是伽马射线，而伽马射线就是短波长的光。

假设我们解决了在星际飞船上安全储存反物质的工程难题，且我们湮灭反物质的方式恰恰是利用其生成的大量带电原子和中性原子，以及随之产生的光和热，并最终形成推力，那么此时还剩一个障碍等待解决，那就是：我们到底需要多少反物质，以及如何才能实现批量生产？

我们先不考虑将反物质反应中释放的能量转化为有效推力的效率如何，先假设我们能 100% 利用生成的能量。要想成功驱动星际飞船，作为推进剂的反物质质量取决于飞船的大小和目的地的远近，少则数十吨，多则可能超过上千吨。

与动辄需要数百万吨的化学推进剂、核裂变及核聚变推进剂相比，这听起来似乎是一个小且合理的数字，只不过这个结论并未考虑到，如今人类世界能够生产的反物质数量。人类目前能生产的反物质只有几纳克，大约是 0.000 000 001 克或者说 0.000 000 000 001 千克，而这正是难点所在。

我们知道，从质量的角度来看，反物质是储存能量的最佳方式（ $E=mc^2$ ），但要如何生产、储存和有效利用所需数量的反物质，以我们目前的技术水平尚无法解决。

猎户座计划：不为世人接受的可行方案

我把最有趣的一个火箭方案留到了最后。它的有趣之处在于：这个方案极其大胆，存在诸多不利的、糟糕到令人难以置信的负面影响，因为它会违反国际条约，还会被世界上 99% 的人认为是不可接受的。但是它却偏偏具有可行性。

在人类进入核时代的初期，当时的科学家和工程师们还在学习如何开发利用原子的力量。在他们完全了解如核辐射、地面核试验的沉降物、废物管理等危险性之前，曾提出许多激动人心的驾驭原子能的奇思妙想。

人们开始设计核动力潜艇、核动力飞机、火车、汽车，以及核火箭。核热火箭与核聚变火箭就是在这个时候第一次被构想出来的，至今我们还在认真研究当中。

猎户座计划（Project Orion）也是当时提出来的。1958 年，泰德·泰勒（Ted Taylor）和弗里曼·戴森（Freeman Dyson）两位科学家开始研究一种方法：在拥有重型防护层的飞行器一端，利用微型核弹爆炸作为驱动方式，助其航行太空。原理就像放爆竹一样，把物体放在爆竹的顶端，看看爆炸的爆竹能把这个物体带到多远的地方。

泰勒和戴森设想用多枚核弹来将一艘战舰大小的大型航天器轰上天。当然，航天器要用大型推力板进行保护，使其不受爆炸的影响，推力板通过巨型减震器与航天器连接在一起。每隔三秒，一枚小型核弹就会从航天器尾部发射出来。

轰……轰……轰……航天器将在不怎么温柔的推力下，逐渐脱离地球引力，进入太空。

轰……轰……轰……当飞船加速离开太阳系并达到 10% 光速的巡航速度时，爆炸还会继续。

这个方案要想落地，还需要进行大量的优化。核弹必须经过特殊设计，使其避免以"各向同性"（在所有方向上保持同等）的方式耗散能量，爆炸时应将更多的能量集中在一个方向上，即航天器的减震器方向，以便更高效地利用核能。

相当于百万吨 TNT 的高当量核弹可能会产生更大的爆炸和更强

的推力，但爆炸的力度可能会过强，导致航天器无法承受，又或者其产生的加速度过大，超出宇航员的承受能力。

将加速度限制在地球引力加速度的三倍以下，我们便能很舒适地生活。爆炸的当量则需限制在不会使飞船蒸发的范围内，这意味着核弹的爆炸当量应远低于"二战"时在广岛使用的原子弹。

不同尺寸、不同设计方案的航天器经过反复推敲，得出的研究结论是：要将飞船送达目的地，之后再完成减速，将需要数百枚小型核弹。

如果我们将核弹视作燃料，那么猎户座飞船实际上就是一枚普通火箭，同样受到火箭方程的限制。大家可能会觉得奇怪，当使该方案奏效的裂变和/或聚变基本物理过程，无法通过猎户座飞船自身实现裂变或聚变以获取所需的效率时，它是如何成功击败火箭方程来实现高比冲的呢？

答案在于：

① 将爆炸释放的大部分能量导向航天器的能力；

② 爆炸能量与推进板相互作用的时间非常短，对推进板造成的烧蚀极小；

③ 利用推进板周围的磁场来优化爆炸副产品提供的推力。

总之，猎户座飞船的等效比冲在 10 万到 100 万秒之间。在执行太阳系附近恒星的探测计划时，如此高的比冲值足以"击败"火箭方程。

在探讨这项技术时，首先需要牢记的是，我们利用核武器爆炸来推动的航天器非常大，这种方法的主要特点在于兼具高推力和高比冲。这意味着该方案可提供足够的推力将航天器从地球表面升至太空，然后继续驱动航行。对于在地球重力井范围内采用该方案的主要反对意见十分明确：引爆原子弹会污染附近的整个生物圈。

如果我们可以借助更传统的火箭把该系统发射到太空，然后在太空中通过核爆炸来加速呢？虽然这种方案在理论上肯定是可行的，但由于航天器的重量以及太空组装的相关问题，实践的过程会非常困难。

首先，要将拆解的飞船送上太空就需要执行多次发射。其次是装配问题，通常，在太空中组装的航天器不必承受很高的加速度。要在四倍于地球重力加速的过程中完成飞船组装的确是一种挑战，不过这仍在可行范围内。最后一个问题是现行禁止太空部署核武器的国际条约。

总之，这套方案应该可以实现，但我们可能永远不会采取该方案。在可预见的未来，火箭很可能会成为星际旅行的主力工具，随着技术的进步，在人类不断探索并定居太阳系其他行星的过程中，本章中介绍的许多火箭类型应当都被建造出来并投入使用。

由于存在"火箭方程的暴政"问题，如果我们想利用火箭到达其他恒星，要么我们将采用化学。核裂变或电火箭进行一场放逐似的长途航行；要么就需要设计出能够携带大量推进剂或硬件，使用核聚变和光子火箭提供动力的巨型运载工具；或者学习如何建造令人生畏的复杂且危险的反物质火箭。

第 6 章

Getting There with Light
制造 "光之翼"

······人类应当制造出适合在天空中翱翔的船
和帆······

德国天文学家约翰内斯·开普勒（Johannes Kepler）
观察到彗星尾巴被他心目中的太阳"风"吹动后，
如是说。

此时，我们可能会提出一个问题：

"人类是否能够消除'火箭方程的暴政'的影响，前往其他恒星呢？"

事实上，人类可以。关键是要找到一种方法来实现宇宙飞船的加速，还不需要飞船自身携带所需的能量，从而彻底摒弃比冲的概念。因为只要飞船不使用推进剂，那么理论上便可实现无限大的比冲。

然而，如果你乘坐一艘前往其他恒星的飞船，需要大量能量的输入才能加速到 10% 的光速，那么在不使用火箭的前提下，如何才能在空寂的外太空航行过程中获取到这些能量呢？要解决这个问题，首先要明确，太空并不是"空的"。

用"免费"的太阳光子推动航天器

让我们回到太阳系的中心，再来研究下太阳。太阳不仅是一个巨大的聚变炉，它还是一个巨大的锚，地球和其他行星都围绕着它旋转。此外，它也是温暖地球的光源，为生命的繁荣提供源源不断的动力。等一下，既然太阳光充斥在地球和太阳之间的空间，那我们能否以某种方式利用它们或其他形式的船外能量来驱动宇宙飞船？答案都是肯定的。

航天器惯常都会利用太阳能来产生电力。只要航天器处在距离太阳较近的位置，太阳光强度相对较大，现代太阳能电池板就可以产生充足的电力，几乎可以满足我们能想象到的所有机器人和人类的探测任务。

在关于光子火箭的讨论中，我们了解到光子也许没有静质量，但是却携带动量。当光子火箭发射一束光时，发射光束的动量通过作用 - 反作用原理，使火箭向另一个方向运动，在此过程中保持了系统的总动量不变。太阳帆不发射光子，而是通过对入射的太阳光子进行反射来获得推力，其效率是光子火箭的两倍。当光子撞击太阳帆时，会提供一个动量增量；当光子抵达后朝相反方向被反射出来时，将再次提供另一个动量。[1]

---

[1] 有人可能会问："那能量守恒呢？在这个过程中，加速太阳帆航天器的能量来自哪里？" 答案是光子。光携带着能量和动量，当它从一个表面反射回来时，传递的能量被视为光子中的能量损失，这既增加了它的波长，又减少了它的能量。

要想"免费"运用太阳光子来提供推力，就要求由太阳光推动的航天器非常轻，并能反射大量太阳光，只有这样才能获得有实际意义的加速度或推力。为了便于理解，我们需要回到牛顿第二定律公式：

$$F = ma（力 = 质量 \times 加速度）$$

在上文所述的情况下，这个力代表了与太阳保持一定距离时，太阳光可提供的恒定力，只有在被加速的物体质量很小的情况下，这个力才能转化为一个很大的加速度。由于与太阳保持着固定的距离，所以太阳光提供的力不会改变，那么质量和加速度的乘积也不会发生改变。要想使其中一个值 a（加速度）够大，那么另一个值 m（质量）就必须足够小。

基于这个原理，用于反射光线的物体就需要尽可能大，以尽可能多地捕获各个区域的力，同时又要尽可能轻。正如我们的祖先学会了如何最大限度地利用风能来驾驭大而轻的船帆远航一样，我们也可以制造太阳帆来反射光线，实现太阳光下的航行。[1]

当推动宇宙飞船航行时，太阳帆显然没有火箭那样激动人心；

---

[1] 太阳帆并非依靠太阳风航行，太阳风是太阳发射的另一种非常真实的粒子流。用风帆的比喻来形容太阳帆，听起来很有道理，但往往让人们误以为太阳帆是靠太阳风航行的，其实不然。有些帆的确可以反射太阳风，就像风帆一样，但它们被称为电帆或磁帆，本书后文会有所介绍。

相反，它会唤起一种优雅感，伴随着越来越快的速度，呈现在反射帆上的太阳光熠熠生辉。

直觉令许多人认为，太阳帆只适用于从太阳向外呈辐射状移动，除此之外别无他途。但是直觉可能会把你引向错误的方向，太阳帆的确适用于从太阳向外移动的航行，但其路径不一定是一条直线。只要改变太阳在帆上反射的角度，便可操纵太阳帆向任意指定的方向（向外、向内、向上或向下皆可）移动（如图 6.1 所示）。

首先，别忘了地球环绕太阳公转的速度是每小时 67 000 英里。我们从地球发射到太空的所有物品都将拥有相同的初始速度，在这基础上再加上发射火箭时所提供的能量，便可计算得出太阳帆飞船环绕太阳航行的起始轨道。毕竟太空中没有任何东西是静止的。

沿着现有的速度矢量加速，太阳帆飞船的轨道能量得以增强，此后便可沿螺旋轨道飞离太阳。如果把太阳帆倾斜到与速度矢量相反的方向，轨道能量便会减弱，太阳引力便会将其向内拉回，从而使其以螺旋的方式靠近太阳。

由于太阳能会在你靠近太阳时增强，远离太阳时减弱，所以太阳帆飞船获得的净加速度会在它朝向太阳飞行的过程中逐渐变大，使其更易加速靠近太阳。

反之，当太阳帆飞船远离太阳时，太阳能就会减弱，加速度持续变小直至可以忽略不计的程度。通过将太阳帆向上或向下倾斜，

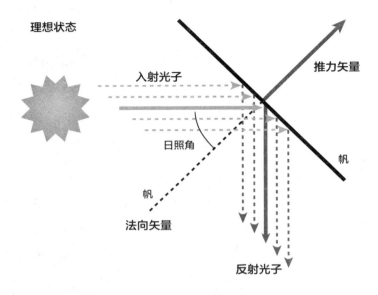

图 6.1 太阳帆工作原理

太阳帆不是火箭，但其在运行过程中也要遵守与火箭相同的基本物理学原理，即动量守恒。不同的是，太阳帆实现该原理的方式十分有趣。我们可以把太阳帆想象成一个能够完美反射的平板，太阳在其左侧。无论太阳帆倾斜至怎样的角度，入射的光粒子（光子）均会通过其表面进行反射，从而在帆上生成净推力，推力大小取决于入射光子的角度和能量。当光子从帆上反射回来时，它们会损失少许能量，实际上在这个过程中它们还会改变颜色。光子损失的能量以动量的形式转移到帆上，实现了太阳帆的加速。

我们可以加速脱离轨道平面，操控飞船在黄道面 ① 上方或下方航行。

需要强调的是，太阳能的强度不仅会随着太阳帆飞船与太阳之间的距离缩小而增强，同时也会根据平方反比定律（即 $1/r^2$）得到非线性的增强，其中 r 代表飞船至太阳的径向距离。

简而言之，如果飞船与太阳之间此前的距离等于地球公转轨道半径，现在将这个距离增加为原来的 2 倍，那么太阳能的强度不是被减半，而是减少为原来的 ¼（$\frac{1}{2}^2 = \frac{1}{4}$）。

因此，与近地太阳帆所获得的推力相比，此时仅余四分之一。反之，如果把这个距离缩短为地球公转轨道半径的 1/2，那么太阳帆上受到的力不是翻倍，而是增强为原来的 4 倍。如果把该距离缩短为地球轨道的 1/3，那么产生的力就会增大为原来的 9 倍（3^2）。

正是这种力的增量方式使得太阳帆非常适合星际旅行。如果能在太阳附近部署一个极轻的巨型太阳帆，便可获得迅速脱离太阳系，前往其他恒星所需的推力。

利用激光推动光帆开展星际旅行

格雷戈里·马特洛夫（Gregory Matloff）教授是太阳帆研究领域的先行者。据马特洛夫教授计算得出，如果能够利用一个原子厚度

---

① 黄道面是地球环绕太阳公转形成的假想轨道平面，是用于描述太阳系星体位置的主要参考平面。太阳系中的大多数行星、小行星和彗星均位于黄道面上或黄道附近，仅存在几度的误差。

的坚韧材料，制作出直径达数千米的太阳帆，其航行速度可达 0.003 光速以上，有望于 1 400 年后抵达半人马座阿尔法星。

在马特洛夫教授进行初步计算时，采用什么样的材料能够制造出如此巨大的太阳帆尚不得而知，因而当时暂且称这种材料为"难得素"（unobtainium）。后来，石墨烯于 2004 年被发现，它具有制造巨型太阳帆所需的特性。但令人遗憾的是，到目前为止，即使是用于制造最简单的太阳帆，所需的石墨烯产量也远远超出当前的技术能力。不过，这种方案在物理学原理上还是具有可行性的。

那么，要想利用太阳帆在合理时间内完成星际旅行，人类距离制造出这种技术水平的太阳帆还需要多久呢？要回答这个问题，我们可以参考一下近年来一系列成功的太阳帆试验性探测任务：纳米帆 -D、光帆 1 号（图 6.2）和 2 号，以及伊卡洛斯号（IKAROS），上述航天器均于 21 世纪 10 年代完成航行。

此后很快又开展了更多项目。NASA 的近地小行星（NEA）探测器便是隶属于美国国家航空航天局的一项探测计划。该计划利用一个 86 平方米的太阳帆来推动一个小型科学航天器，在发射两年后，于 2022 年缓缓飞越一颗小行星。

迄今为止，最具雄心壮志的太阳帆探测计划当属太阳巡洋舰（Solar Cruiser），其目标是借助一个 1 653 平方米的太阳帆来抵达以前无法企及的轨道和太阳系位置，这些地方只有通过太阳帆提供的持续推力方可触及。

图 6.2 美国行星协会的光帆 1 号

2015 年，美国行星协会的光帆 1 号航天器在围绕地球轨道飞行的过程中捕捉到了这张"自拍照"。当时这款航天器配有一张 32 平方米的反射太阳帆（美国行星协会）

这些探测任务要么已经成功完成，要么正在为几年内的航行计划进行研发筹备。随着航行计划的推进，太阳帆的尺寸呈现出明显变大的趋势：从纳米帆 -D 和光帆 1 号与 2 号的 10~32 平方米，到 NEA 探测器的约 10^2 平方米，再到太阳巡洋舰的约 10^3 平方米，下一次航行计划会使用 10^4 平方米的太阳帆吗？我们还要多久才能造出马特洛夫设想的 10^6 平方米的太阳帆？不得不承认，今天乃至明天的太阳帆都还远未达到进行星际航行所需的规模，但它们的确正在朝向这个目标迈进。

实际上，太阳帆的推力无关光源的来源。当太阳帆远离太阳的光照范围时，我们是否可以利用激光发出的人造光进行照射，以帮助太阳帆克服推力快速减少的问题呢？答案是肯定的，但这里要提出几点重要的说明。

首先，激光可以在特定波长产生强劲的光束，也许将波长调整到与太阳帆最适宜反射的光颜色相匹配时，推力能获得最大程度的提升。无论在科幻小说中看起来多么强大，实际上激光束和太阳光一样要遵循相同的自然法则，因此也会随着距离的增加，光束逐渐变大，强度逐渐减弱。如果能为激光系统匹配一款合适的透镜，便有可能避免平方反平方衰减，只有在穿过透镜焦点时，光束才会开始发散，并持续变弱。

大多数激光驱动太阳帆的方案均建议在近场区域使用激光，原因在于该范围内的光束仍可以保持聚焦或准直，不会遭受光束强度反平方衰减的影响。在这两种情况下，激光均优于太阳光，因为激光的初始状态更加紧凑而强劲（力度大），提供的推力有潜力超越任何单独采用太阳光方案的可能性。

那么，高功率激光的发展状况又如何？人类距离制造出星际航行所需的太阳帆尺寸还有多远呢？

同诸多技术一样，研发激光和微波激射器的理论基础源自爱因斯坦对光电效应的揭示与量化。光电效应表明，光是通过离散的比特（光子）传递能量的，爱因斯坦因此获得诺贝尔物理学奖。

直至 20 世纪 50 年代，前沿学者查尔斯·汤斯（Charles Townes）和西奥多·梅曼（Theodore Maiman）才在实验室里制造出激光器并成功完成演示实验。自此，激光器在功率水平、波长可调性、整体光束质量以及持续运行能力等方面实现了长足发展。[①]

如今，功率高达 2 000 万亿瓦的超强激光器已被成功研制出，只不过其持续的时间非常短，可谓转瞬即逝，约为一万亿分之一秒。我们现在真正需要的是高功率、高聚焦、可持续运行的激光器，输出功率应达到数亿或数十亿瓦。目前，针对这种接近太空激光推进系统所需功率水平的激光器正在展开积极探索的是军方，他们这是出于自身原因而大力发展激光器。

美国陆军正在计划建造和测试间接火力保护力量 - 高能激光器（IFPC-HEL），据称该激光器的持续功率为 250 ~ 300 千瓦。已经发表的研究成果表明，先前测试过的美国陆军激光器，其功率可达到数十千瓦，具有足够的指向能力，可以将光束定位并保持在与光帆系列同等大小的在轨帆上。

---

① 在刚开始工作时，我加入了罗纳德·里根（Ronald Reagan）的战略防御计划，该计划也被称为星球大战（Star Wars）计划。我从事的领域之一是利用高功率激光炸毁来袭的核弹头。那个时代，我们探讨的还是功率数十千瓦或更高一些的激光器，要想制造这种激光器，不仅要用到极其庞大的制造设施，还需要混合许多有毒的、具有腐蚀性的化学物质，例如氟化氢和氟化氘。如今，拥有更高功率水平的激光器采用柴油发电机供电即可，它们能够直接装在卡车后面。这便是技术进步的速度。

此外，还有其他一些前景光明的技术正在开发中，能提高针对目标的激光功率，且不一定需要初始光束的功率达到兆瓦至千兆瓦水平，光子回收技术便是其中之一。

在传统的激光推进系统中，激光束中的光子在击中太阳帆、传递动量后，便会被反射并消失。菲利普·鲁宾（Philip Lubin）和永裴（Young Bae）等几位博士意识到这样的损失是对能量的浪费，于是便纷纷提出将这些光子重复利用的方法。

在光子的回收过程中，激光会在激光器与太阳帆之间反复反射，以最大限度地向航天器传递能量。如果激光和太阳帆能够互为回射器，入射光便可沿着它从光源出发的路径反射回来，然后再反射回去，此时再添加上新形成的光子，光束中便会有更多能量转移到太阳帆上，从而令加速度和航行速度得到提升。

当然，还有其他的创新方法来研制高功率的激光系统，以满足发射星际探测器的需求。例如：与其设计一个单体输出功率满足需求的激光系统，不如建造数百个甚至数千个相对较小的低功率激光器，并将所有的输出功率组合成一种名为"相控阵"的系统，这种做法可能要相对简单一些。而且，这不仅会令技术开发过程更容易，其成本也可能会更低一些。

可想而知，以现在为起点，一直到成功开发出在功率和其他性能方面均满足需求的单体激光系统，这个持续的研发过程必将十分昂贵。在一种新产品的开发过程中，第一组样品的开发往往都是成本高昂的。对一款商业产品而言,公司的利润并非源自第一批产品收取高额费用,而是源自大批量复制产品的销售,因为生产第二件到第 n 件产品的成本自然会更低,毕竟开发成本均已投入在第一批产品上了。

新车的设计就是一个典型范例。在整个汽车行业中,任何一款新车型的研发成本都远超 10 亿美元。如果该公司只生产一辆汽车,那么他们必须向客户收取超过 10 亿美元的费用才能赢利。然而,通过制造和销售成千上万辆同款车,将每辆车的利润加在一起就可以收回开发成本了。

其次,需要考虑的是将激光部署在哪里,这对其性能的发挥将产生截然不同的效果。如果将其部署在地球上,我们就会拥有现成的电力系统,可以提供激光器运行所需的电力,但由于地球的自转,我们很可能需要部署多个激光器。

在这种情况下,从太阳帆的视角来看,激光源将在视野中停留一段时间,然后落入地平线以下,无法发挥作用,直至随着地球的旋转,激光源再次出现在视线内。这个问题可以通过在地球上部署多个激光发射站来解决,这样在任何特定的时间里,视野中均可看到一个或多个激光发射站发出的激光。

另一种选择是在轨道上设置中继站,当地球在太阳帆下方旋转时,中继站可以反射或重新定向激光束,使其持续聚焦在太阳帆飞船上。还有一个问题是,激光在穿过较为稠密、潮湿的大气层时会损失能量，在这个过程中也会发生散射，从而减少了实际落在太阳帆上的激光量。

鉴于这个问题，大气密度稀疏的高海拔地区成为正在备选的部署区域。另外一个必须考虑的重要问题是，当你瞄准自己的太阳帆时，不小心照到了别人的地球轨道卫星，有可能被误会成一种战场上的挑衅行为。

如果将激光部署在太阳轨道上，而不是地球轨道上，那么所有与"确保太阳帆长期位于有效范围内"的相关问题就基本解决了。但保持运行所需的能源从何而来？太阳能电池阵列吗？这当然是可行的，但考虑到所需的功率水平，矩阵的规模将是巨大的。

此外，任何基于地球或太空的高功率激光系统，都有一个潜在的法律问题，即当激光并未用于星际航行中的太阳帆飞船时，它们完全可以被当作武器使用，而有些国际条约是反对类似行为的。

最后，还有一种方法是采用大尺寸的太阳帆，先利用太阳能加速，然后再换激光驱动。但是随着距离的增加通过太阳光获取的推力会减少，这个问题可通过在太空中部署多个激光发射器来解决。每个发射安置的位置逐步远离太阳，这样当一处激光束变弱后，向系外航行的太阳帆会进入下一处激光器的助力范围，使得距离最近的激光器仍可持续接力，不断为太阳帆飞船加速。

1984 年，罗伯特·福沃德（Robert Forward）博士发表了一篇极具开创意义的论文，题为《利用激光推动光帆开展星际环程旅行》

（*Roundtrip Interstellar Travel Using Laser pushed LightSail*）。他在文中首次提出，可以在木星轨道附近部署一个巨大的菲涅耳透镜，我们可以将其想象成一个巨大的放大镜。这个透镜将用于捕捉呈漫射状态的激光束，并将其重新聚焦，从而继续为太阳帆提供向前的加速推力。

微波帆——廉价、高效且具有可行性

近年来，还有另一种激光航行的方法备受关注，这主要得益于一个名为"突破摄星"（Breakthrough Starshot）的慈善组织，该组织的使命是开发出能把人类送往其他恒星的技术。他们的技术方案既不是从巨大的太阳帆过渡到激光帆，也不是对巨型太阳帆进行优化，采用激光进行加速。他们的方案是一种相当小巧的太阳帆，也许只有 1 平方米的大小，他们利用部署在地球上的超强激光，以极快的速度将其加速至 10% 的光速以上。

从性能角度来看，这种方法具备一些非常明显的优势。例如，一架小型航天器，也许其重量还不足 1 千克，利用一台高功率的激光器便可为其提供强大推力，加速度也可达到相当大的程度，以至于将速度提升至 10% 的光速的目标能在数十分钟内完成，使航天器迅速驶离太阳系，踏上星际航程。当然，这种方法如同目前为止讨论过的所有其他方法一样，有利有弊。

如上所述，该方案最大的"优点"在于航天器的尺寸。如果航天器小型化的趋势能够延续下去，并持续加速发展，那么在不久的未来，过去只能在旅行者号这类重型航天器（大小和重量与普通汽车近似）上实现的事情很有可能在葡萄干大小的航天器上实现。

如今，政府、企业和高校都在发射立方星，这是一种长、宽、高只有数十英寸、重量只有几十磅的小型航天器。现在正在执行的许多任务放到 20 年前，则需体积和重量比现在大 10 到 100 倍的航天器才能实现。航天器显然是呈现出体积更小、性能更高的发展趋势。所以，"摄星"级航天器有时也被称为"芯片卫星"，想来也是顺理成章了。

此外，太阳帆在尺寸和重量上必须保持小而轻。近年来，材料科学取得的进展令人欢欣鼓舞。从石墨烯到衍射超材料，各种坚韧、具有高反射和耐热性能的材料源源不断地被发现和创造出来。

最理想的情况是找到一种反射率大于 99.9%，且不会过大过重的材料，但这还不一定是最佳解决方案。我们真正需要的太阳帆必须能确保质量轻，反射光足以提供充足推力，且不会吸收过多的入射光能量。

事实证明，如果剩余光线在通过时能量不被吸收，那么一种反射率低至 30% 的超轻质材料的太阳帆即可满足需求。在如此短暂的加速阶段吸收过多能量可能会致使太阳帆在达到预期速度之前便被损毁。

与所有星际探测任务一样，摄星计划的太阳帆航天器虽然体型很小，但在穿越太空的过程中仍有可能撞上流星体或太空尘埃，从而迫使任务终止。

最后，太阳帆还存在着转向装置的问题。在太阳帆经历较低加速度的过程中，有可能需要在数分钟或数小时内重新调整太阳帆的方向，以纠正推力误差，防止误差对探测任务产生重大影响，导致航天器无法抵达预定目的地。毕竟，我们也不希望航天器在以 10% 的光速航行时，不小心撞上了另一颗行星。

对由激光驱动的大型太阳帆来说，操控要求变得更加严格，可能需要每隔几秒或几分钟就进行一轮精确调整。鉴于将太阳帆加速到 10% 的光速可能需要数天、数周乃至数月的时间，因此用来校正对准误差和指向错误的时间是充足的。

然而，对摄星计划所采用的这种小型航天器而言，用于校正对准误差的时间却并不充裕。整个加速阶段在几分钟之内便会结束，任何对准误差都会导致航天器完全偏离预定目标。分析表明，我们可以通过调节光帆的形状，使其在出现对准误差时具备自我调节能力，从而能够"驾驭波束"并保持航向。

采用微波悬浮帆进行的初步实验表明，这种方法具备可行性。出于上述种种限制条件，许多人认为摄星计划是近期星际探测计划中唯一可行的方案，能够帮助人类实现早前立下的目标："完成一项新技术的概念验证，使超轻型无人太空航行速度达到光速的 20%，并为在一代人的时间内完成飞越半人马座阿尔法星的任务奠定基础。"

至此，我们唯一能做的就是祝愿该计划取得圆满成功。

微波帆是另一种通过反射光子来获取推力的光帆。电磁波的波谱涵盖了所有波长的光，从频率极低，波长达数千千米的最长光波，到波长仅为零点几纳米的伽马射线均在其波谱内。太阳帆所使用的光谱部分仅涵盖了人类肉眼可见的小块范围，因此被称为光谱的"可见"部分，位于400～700纳米（nm）波段，该波段范围也是太阳光谱的主要构成部分，这点应该很好理解。

那么，光谱的其他部分有可能应用于光帆吗？原则上，只要有一种轻质材料能够在相应波段上具有高反射性，则光谱上的任何部分都可以加以利用。1毫米至30厘米这个波段便是最好的范例，我们称其为微波。为什么呢？原因在于，人类特别擅长有效地创造和利用光谱上微波波段的光子。

与其他许多技术一样，人类与微波的关系同样源于战争。20世纪40年代早期，微波生成装置磁控管被发明并得到迅速发展，其主要用于探测飞往英国执行轰炸任务的德国飞机，人们称这项小巧的发明为雷达。

现在，雷达的覆盖范围几乎涵盖了整个世界，它们被广泛应用于扫描天空、追踪飞机、海上船只、卫星，甚至是太空垃圾。我们一方面享受着微波炉快速烹饪食物的便捷，另一方面又会在收到超速罚单后咒骂这项技术。

而微波最具优势的地方在于，我们能高效地制造微波，并且能将整整 65% 的输入能量以微波的形式发射出来。与平均 10%～30% 的激光效率相比，微波在一开始就将发射光束所需的输入能量降低了 50%。目前，制造微波要比制造同等功率的激光便宜 10 倍。那么，我们能够制造以微波光束为能量源的光帆吗？

答案是肯定的，我们的确可以做到，而且要做到这一点还可以采用许多不同的方法。如同太阳帆或激光帆一样，用于制造微波帆的材料也需要在舷外发射光束的能量源波长上具有高反射性，这里采用的自然是微波光束。由于微波帆可为网眼结构，并根据所选波长调节，所以拥有一个绝妙名字的星束号（Starwisp）采用一张大型金属丝网构成的光帆作为反射器。

根据该方案创始人福沃德的设想，星束号微波帆既可以作为推进系统的反射器，也可以作为质量极轻、体积小巧的探测仪器的总部基地，这些仪器可在抵达目标恒星时开展科学研究。福沃德最初设计的星束号是一架面积为 1 平方千米的金属网帆航天器，其金属丝间距为 3 毫米，包括仪器在内重量仅为 29 克。其他人在研究该方案之后进行了一些创造性的改良，例如：改用碳纤维材料作为光束反射器，而不再采用金属丝网。

经实验演示证明，微波光束的确可以驱动小型的帆状材料，而且还能确保微波帆在加速期间仍保持在光束中心，不会因任何非对称力而轻易移出光束中心。从物理学角度来看，这套概念是合理可行的。但在工程实施方面恐怕还将面临诸多问题……

除了需要极具创意，航天器和探测仪器的总重量也需要控制在30克以下，而且还要满足激光发射器的尺寸要求。由于微波束具有发散性和一些其他的物理限制，假若微波源的孔径为1千米，星束号则需要达到5万千米，即地球直径的4倍，且功率要求达到10吉瓦。[①] 与大多数星际推进系统一样，尺寸成了大问题。

如前文所述，太阳风是由连续的电离氢粒子流和 α 粒子构成的。科学家把太阳风称为等离子体，这意味着太阳风中充满了电离原子，且带正电的粒子和带负电的粒子数量大致相等。

太阳风的等离子体从太阳中射出，其速度可达每秒185～500英里，正是这种速度促使人们开发利用太阳风。太阳风粒子带有动量，与光的性质近似，这就意味着航天器应该能够吸收或反射这种粒子来获取推力。

我们可以将其想象为：在太空中部署了一个数百英里长、巨大的载有强电流的超导线圈。由于线圈为超导体，所以以电流不会随着时间的推移而衰减。许多材料在冷却到接近外太空的温度时，便会成为无损超导体。磁场则是由线圈中的电流产生的。太阳风中的带电粒子进入线圈后，会因线圈中的磁场发生偏移，为其传入动量。

---

① 10吉瓦的发电量大约相当于10座核电站的发电量，这个数字的确很大，但还算不上令人难以置信的程度。但是谈及微波帆所需的功率：考虑到能量源与微波帆之间低效因素，例如与激光发射器之间的功率传输效率、激光发射器将电力转换为微波的效率，以及光束在发射源与微波帆之间的功率损失等，微波帆所需的输入功率可能比这个数字还要大得多，也许要高达50吉瓦。

在太阳风中，每立方米范围内含有数百万个质子和电子，这些粒子携带的大部分动量可通过线圈传递给部署它的航天器，理论上可将航天器加速到接近太阳风的速度。因此，利用这种推进系统将航天器迅速送达太阳系边缘或更远的地方应当是可行的。

令人遗憾的是，即使达到太阳风的速度，对具有现实意义的星际旅行来说还是太慢了，只能将抵达半人马座阿尔法星系的航行时间缩减为 2 000 ～ 3 000 年。当然，这显然已经比基于火箭的方案要好多了，但还是不够快。

不过，这个系统在星际航行的终点端却有可能发挥作用。我们在探讨推进系统时，重点一直是将飞船提升至极高速度，以尽可能缩短抵达另一颗恒星的航行时间。除非航天器自带减速功能，否则它将快速越过目标星系，继续向太空深处前行，并就此永远航行下去。

为了减速并最终降落，航天器需要的推力与起航时所需的推力是相等的。凡是加速的物体必定会减速，牛顿告诉我们，两者对能量输入的需求是等量的。这使得 "火箭方程的暴政" 更加残酷。

回想一下，除了携带加速所需的推进剂外，飞船还必须携带至少等量的减速推进剂，这就意味着最初便需要更多的推进剂来加速，为 "额外" 的减速推进剂提供加速。

正是减速环节令磁场帆具备了一种有趣的潜力。无论航天器在航行过程中采用何种方法加速，都可以在进入目标星系时部署一个巨大的磁场帆，利用其与目标恒星向外流动的恒星风相互作用来刹车，帮助航天器在完全不使用推进剂的情况下实现减速。

当然，即使采取这种方法，也有一些棘手的实际问题需要解决，包括：如何制造、装载和部署数百甚至数千英里长的超导线圈，如何生成高强度的电流以产生所需磁场等。

可用作刹车系统的电动帆

另一种利用太阳风的方法是借助中小学学生都学过的一个简明扼要的科学原理："异性相吸"和"同性相斥"。

电动帆（E-sail）利用太阳风粒子的动量，在带正电的长导线帮助下为航天器的推进系统提供动能。当带正电的太阳风质子和 α 粒子接近带正电的导线时，导线与进入的粒子通过在电场中的相互作用发生排斥，在此过程中转移了大部分向前的动量（图 6.3）。带负电荷的电子被吸引到带正电荷的电线上，并被其吸收，产生微小电流，起到了拖拽或减速的作用。

此时便出现了一个逻辑问题：如果质子和电子的数量大致相等，岂不是电力会相互抵消，无法产生净推力？如果质子和电子的质量相等，的确会发生这种情况，但事实并非如此。

质子的重量是电子的 1 836 倍，所携带的动量要大得多，它们将其全部传入电动帆的推力系统。其间收集到的电子成为一大问题，因为如果航天器无法消除这些电子，那么电线将很快变为中性状态，

图 6.3 电动帆

与太阳帆一样，电动帆也会反射来自太阳的粒子，此处指的是反射带正电的太阳风离子。在这些离子与每根带正电的导线附近的电场相互作用时，会被反射出来，然后通过这种反射将动量传递给电动帆。电动帆的物理特性具有一大优势，即太阳风提供的推力不会像太阳帆那样迅速减弱，因此电动帆可以向太阳系外更远的地方提供有效推力。图片来源：芬兰气象研究所空间及地球观测中心 ©2008 反引力 / 亚历山大·萨麦思（Alexandre Szames）。

从而停止对质子的排斥，同时也将停止推力的供给。

　　航天器的设计师们计划用一种叫作电子枪的装置，将收集到的电子弹射回太空，使其远离航天器，以防止电子的累积及其造成的不利影响。

太阳风与太阳光一样，会随着距离的增加而减弱，同时也遵循平方反比定律。大家可能以为电动帆会与太阳帆按照相同比例损失有效推力。但是，出于一个有趣的原因，事实并非如此。对太阳帆来说，与太阳的距离增加一倍，推力仅为初始距离时的四分之一。而电动帆的推力将会随着距离的加大而近乎直线下降，

也就是说，当距离增加 1 倍时，电动帆产生的推力还不及初始距离时的一半。这将对电动帆为航天器持续加速，助其离开太阳系的能力产生巨大影响。

在木星附近，电动帆所生成的推力将不再是原来的 4%，而是能达到原推力的 15%，直至到达距离起始点 16 倍远的地方，才会下降到与同类太阳帆相等的推力水平。

基于这种附加的推力，针对外太阳系和附近星际空间的探测任务，电动帆的性能表现要比太阳帆好许多。NASA 评估了太阳帆和电动帆的相对性能，发现电动帆能够将航天器提升到惊人的速度，速度约为每年 20～30 个天文单位。当然，这对具有实际意义的星际探测任务而言还是太慢了，但能帮助人类朝着既定探索方向取得初步进展（参见第 2 章）。

令人遗憾的是，电动帆无法扩展到极大的尺寸，而且在太阳风变得过弱时无法借助其他同等光能为其加速，因而也无法继续提供推力。建造大型带电粒子束发射器具有可行性，它可以像激光发射器那样为太阳帆补充推力，补充日益减少的太阳风，但带电粒子的

基本物理特性使这套方案不具备可行性。

带电粒子"同性相斥"的特性通常会导致这种带电粒子束中的质子迅速发散,变得不再聚焦,从而无法穿越所需的遥远距离。相对论电子束是以接近光速传播的电子束,由于其自身产生的磁场,会使其经受一种向内的挤压力。通过在带有相反电荷的粒子束中引入一些新的粒子(比如电子),就有可能形成中性粒子束,这种中性粒子束在原则上传播速度并不会过快。

值得注意的是,电动帆与磁场帆一样,可以在航天器进入目标恒星系时,当作刹车系统来部署和使用,以减少减速推进剂的使用。

要想穿越从地球到其他恒星的遥远距离,就需要航天器推进技术取得革命性的进展。作为现有推进技术适用性的一种评估手段,NASA 的科学家绘制了一幅漂亮的图表(图 6.4),将推进系统的效率(特定冲量)与其可实现的加速度(推重比)进行了对比。

我们被困在高效但推力低的系统之中

截至目前,我们探讨过的各种推进系统的性能范围均在图表中绘制了出来,以清晰展示系统间的相对优势与劣势。例如,对载人飞船的理想推进系统而言,虚构出来的企业号曲速引擎或千年隼号上的超光速引擎,均应出现在图的右上角区域,两者兼具高效能和高推重比,既可以缩短航行时间,又可以将推进剂消耗成本降到最低。

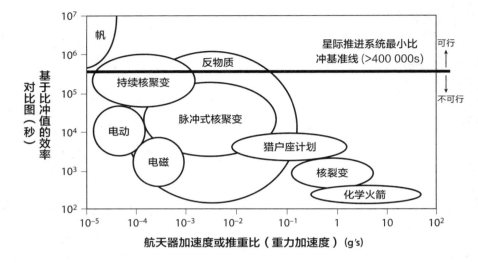

图 6.4　推进系统对比图

　　现有空间推进技术是根据比冲（推进剂利用效率的衡量标准）和加速度（或推重比）这两大性能指标进行分类的。星际探测任务要求这两项指标值越高越好。当采用机载推进剂时，40 万秒比冲成为一条基准线，代表着星际推进系统实现 10% 的光速所需达到的最小值。需要特别指出的是，基于核聚变和反物质的推进概念有许多，但只有少数实施方案能够在理论上达到 0.1 光速。理想的推进系统应出现在图中的右上角，兼具极高的推力和极高的效率。

　　可惜的是，大自然尚未向人类透露如何打造具有此类特征的太空推进系统，我们被困在一些效率高但推力低的系统之中，比如太阳帆、激光帆和微波帆，它们可能在发射快捷、小型的无人探测器时派上用场。

目前，我们只有核聚变与反物质这两种效率较低的火箭可供选择，它们既可以服务于无人探测任务，也可以服务于载人飞船。在火箭技术领域，以 40 万秒比冲值作为一条基准线，代表了星际推进系统达到 10% 的光速所需的最小值。

任何低于该效率的方案都会导致火箭方程的暴政迅速发挥其作用，要么大幅提升推进剂装载量，要么航行时间超出可接受范围。即使不说绝无可能，至少也是不切实际的。

面对上述种种限制，我们究竟要从哪里开始起步呢？

A TRAVELER'S GUIDE
TO THE STARS

第 7 章

Designing Interstellar Starships
设计出一艘星际飞船

作为踏入浩瀚宇宙的第一人，单枪匹马，与大自然展开一场前所未有的斗争——还有比这更宏大的梦想吗？

尤里·加加林

俄罗斯宇航员、太空航行第一人

要想建造一艘足以穿越深空，抵达另一颗遥远恒星的飞船绝非易事。当然，这种说法对实际难度实在有些轻描淡写。在众多有待解决的技术挑战中，推进系统高居榜首，此外还有无数其他需要创新的领域，包括电力、通信、导航、热管理和辐射防护等。

　　如果我们想要建造一艘载人飞船，那么还要在这个清单上增加负责空气、水和废物管理的生命支持系统，以及食物和冗余问题。对载人飞船来说，还有其他一些值得关注的问题不属于技术范畴，而是心理、社会和政治问题，这些问题最终反而可能成为最严峻的挑战。

　　机器人星际探索与人类星际探索在诸多方面存在着本质区别。首先，无人探测计划的设计方案能够比载人计划承受更大风险，尽管每位资助、建造、发射和执行探测计划的人员都希望计划能够圆满成功。

其次，载人飞船的大小、航行时间以及任务的执行水平并不是由人类机组成员的多少来决定的，而是由执行任务的科学仪器及其收集数据并发回地球的能力决定的。因此，鉴于机器人探测计划要更简单一些，我们就先来探讨此类计划。

航天器寿命是设计中最艰巨的挑战

为了便于讨论，我先假设推进问题已经得到解决，无论采用何种推进系统，航天器均可在 150 ~ 250 年内抵达目的地。实际上，设计一艘比当前飞船航行时间长 10 到 20 倍的航天器已极具挑战；而要设计一架能够持续航行 1 000 多年的航天器，其难度更是不可同日而语。在过去的 15 年里，由于智能手机在商业领域的显著创新，航天器的质量及其科学载荷呈现出急剧下降的趋势。[①] 工程师与科学家现在几乎能为所有航天器系统配备轻型仪器与机载电子操控设备，以及低质量的传感器、飞控计算机和其他电子硬件。

借助材料科学的进步，轻质碳复合材料正在取代过去几十年来主导航天器结构的重型铝结构。过去重达数十磅的科学仪器的重量现在已减少至原来的十分之一。航天器结构的质量已经减少了 25%，预计很快会减少 50% 或更多。

---

① 我口袋里这部"电话"所具备的功能，放在几十年前（许多航天器设计于该时段），则需要多种大型电子设备才能实现，例如：摄像机、立体声卡带播放器、AM/FM/短波收音机、GPS 接收机、电视、电脑，以及电话。

在更高层面，机器人探测计划的设计者必须决定其航天器是在航行中需要持续不断的动力供给，还是仅在出发与抵达阶段需要供给。如果在以光年为单位的长途航行中无须保持航天器的温度或其他非必要功能，那么解决电力供给问题就变得容易多了。我们只需要加上太阳能电池板，让航天器在航行过程中完全休眠，仅在其驶离太阳系进入目的地星系时才生成和使用电力供给即可。

虽然这种方案完全具备可行性，但需要一些假设的前提，其中包括：旅行途中无须任何轨迹操控来补偿发射时产生的对准误差、在大部分航行过程中不收集任何科学数据，且飞船在驶离太阳的影响范围（即能量供给范围）前能够迅速达到最终速度。

如果航天器没有减速或着陆的计划，这种方案同样会十分有效。只是不知道那些投入巨资，耗费数年乃至数十年时间建造它的人，是否会满足于飞船以接近光速的状态，在飞越目的地的几个小时内所能获取的少量数据？毕竟为了那几个小时的数据而等待几十年甚至一个世纪，怎么想都是件不怎么划算的事情。

根据第 2 章的介绍，一部分适用于初期探测计划的能源供给方案经过发展，可能会适用于真正的星际探测计划，但绝大部分方案均不可行。

除非满足上文中列出的标准，否则在永恒黑暗的星际空间里，太阳能无法成为一种实际可用的备选方案；在抵达目的地之前，放射性同位素热电发电机的放射性热源便会持续衰变，直至完全失效；

而在多年不充电的情况下，也没有任何化学电池具备保持供电的可能性。

裂变反应堆的方案也许可行，特别是前往相对较近的目的地，或者我们可以在大约 200 年内抵达的目的地。核燃料的数量是可控的，良好的设计方案可能会支持反应堆运行足够长的时间而不发生故障。尽管，随着时间的推移，反应堆周围的材料会因持续的中子轰击，以及长时间裂变反应产生的其他放射源相互作用而发生衰变。

我们也可以在通往另一颗恒星的沿途，搭建起一个波束发电站网络，各站的任务就是在航天器途经该站时向其输送电力。该方案所需的基础设施庞大，对初期发射的数架航天器而言难以想象。毕竟，将一个远程发电站运送到距离半人马座阿尔法星四分之一的位置，且使其停留在该位置等待过境飞船，其间所需的能量大约是将发电站直接送至目的地的一半。这样的方案可行，但不切实际。

核聚变是另一个值得考虑的备选方案。与同根同源的核聚变推进系统一样（参见第 5 章），船载核聚变反应堆将模拟太阳内部的物理过程产生热能，然后将热能转化为可利用的电能。理论上，核聚变反应堆所需燃料少于核裂变反应堆，产生的放射性废物也相应更少。可以确定的是，核聚变能源供给方案是可行的选择之一。

与距离地球几百甚至上千个天文单位的探测器进行通信已经非常困难了。与超过 4 光年的探测器保持通信更是完全不在同一层面的难题。而且，正如前文提出的问题，如果飞船无法将仪器中的数据传回地球，那这一切的意义何在[①]？

幸运的是，我们还有其他选择。第 6 章中介绍过激光帆推进系统，其中讲到用于推进飞船的相控阵激光基础设施。这套基础设施具备反向使用功能，在抵达目的地后可与探测器保持通信。我们并非利用光学元件将独立的激光发射器组合成统一且适用的相位激光束来驱动航天器，而是静候源自飞船的激光光学信号变弱[②]，然后利用光学元件将这些变弱的信号组合成可读的信号。

像这种大型光学接收器刚好类似于 NASA 深空网络（Deep Space Network）中用于与星际航天器通信的大口径无线电接收器。这种方案的关键依然是规模问题，基础物理学是充分支持该方案的，我们只是还不知道如何在硬件上实现工程设计，来印证物理学所称的可能性。

数学家兼物理学家克劳迪奥·麦克恩（Claudio Maccone）博士提出了一种巧妙的方法，可以提供低功率、高带宽的跨星际通信，他称之为银河互联网。

在第 2 章中，我介绍过太阳引力透镜的实验性星际探测计划。在该计划中，一架部署在距离太阳 550 个天文单位之外的望远镜，

---

① 有些人可能会基于生源论的概念，使断绝通信的单程航行成为一种可行的方案。生源论认为生命可以通过自然或人造物体在太空中传播。这些人的例证可能是来自火星的陨石降落在地球上，或反之亦然。也许我们将决定派遣无人飞船到其他星系，目标很明确，就是在那里的行星上播种地球生命，这样飞船就不再需要联络地球家园了。

② 信号穿越许多光年的深空，并遵循平方反比定律在沿途持续遭受损耗。

可以利用太阳弯曲时空引起的聚光效应来为遥远的系外行星成像。

鉴于光和无线电均属于电磁波，尽管波长和频率都不同，但它们都受时空弯曲的影响，而且两者在外太空中应该都有一个使微弱的源信号再次聚焦的区域（当我们的航天器从另一个恒星系发射光信号或无线电波时，从某行星反射出的光），使信号更容易被收集。因此，如果一套普通规格的无线电天线和接收器被部署在太阳的无线电频率重力透镜焦点之上，我们的星际飞船也位于目标恒星的类似焦点上，两者应该能利用现有的通信技术联系。

通过对探测计划的巧妙设计，我们应当有可能将一艘航天器发射到另一颗恒星，并对其拍摄图片和视频、收集科学数据，然后将收集到的数据存储到航天器上，航天器再前往恒星的重力焦点，最后在抵达后打开一个简易的无线电发射机，将数据传回太阳系。

这种通信系统可以利用弯曲的时空来放大信号，这样位于太阳引力焦点处的接收站就可以接收到数据，然后将其传回地球，而无须开发此前介绍的高功率、超大孔径的通信系统。

怎样在浩瀚太空中定位并导航？

如今，对普通用户而言，在地球上进行导航是件再简单不过的事情，但对导航服务的提供商来说却并非如此轻松。如果你想去另一个城市或乡间山顶的房子，方法很简单，只需要拿出你的智能手机，输入地址，然后跟着导航的指令即可。

为了给用户提供如此便捷的服务，服务商需要搭建一个遍布全球的实体手机信号塔网络，并能从地球轨道卫星获取精准的实时数据。大家应该能够预料到，在外太空进行导航则要更加困难。

现代航天器已配备船载导航硬件，如太阳传感器，顾名思义，它会告知航天器相对于太阳的方向。由于恒星距离我们太远，而它们在天空中的相对位置从地面或近地观测点来看差别不大，因此它们可以用来帮助航天器定位，来判断航天器是否指向或飞行在正确的方向上。起到该作用的设备被称为恒星追踪器。

任何两颗恒星之间都有一个独特的角距，不存在某对恒星之间角距完全相同的现象。航天器可通过恒星追踪器来观察恒星，找到可识别的恒星对，并据此实现定位。这种方法不一定能让航天器明确自己的位置，但知道如何定位是找到自己位置的关键一步。

如果你对星座很熟悉，并发现自己身处月球或火星上，那么这些星座看起来会和在地球上看到的相差无几。游荡的行星会在天空中的不同位置出现，但那是因为它们离地球的距离要比恒星近得多，这使得行星的位置变化会被立即注意到。

从这个不同的视角来看，恒星的位置变化可能无法被人眼察觉，但我们的相机足够灵敏，能够在不同的观测位置捕捉到一些恒星的观测角度的变化。

太阳传感器和恒星追踪器可以帮助航天器了解其相对于太阳的

位置，以及其航向是否正确：例如，该向上时应确保的确在向上航行，而应该出现在飞船右侧的恒星的确是在右侧而不是在左侧。就算这一切都准确无误，但航天器又如何判定自己的具体位置呢?

无线电波以光速传播。通过测量信号从发射到接收之间的具体时间，便可精确计算出信号源的距离。当启用相距很远的两个或多个地球地面接收站时，其中一个站点与其他站点接收到的无线电信号到达时间将会出现明显差异。这种差异，连同运动引起的可测频率，或多普勒频移，可用来计算信号传播略长或略短的距离，从而借助三角定律来确定航天器的位置。

这种方法类似于前 GPS 时代测量师采用的方法之一。在飞行前和飞行过程中，工程师负责确定航天器的轨道，绘制航天器相对于行星及其卫星位置的飞行路径，以了解重力对飞行路径的影响，然后定期测量信号往返航天器所需的时间，以确保其处于指定位置，如存在偏差则需纠正航行轨迹。

这种方法足以支持探测器在火星着陆，接近冥王星。在极限状态之下，甚至可以掌握旅行者号航天器的位置。利用该方法在太阳系中导航的效果良好，因为这里拥有大型通信天线可供使用，但当我们的星际飞船试图在距离地球数万亿英里的外太空自动航行时，效果便不够理想了。

别忘了，就像我们地球绕着太阳转一样，所有银河系的恒星都会围绕银河系的中心运动。如果我们的探测设备足够灵敏，航天器配有详尽的恒星目录，以及从地球观测到的恒星相对速度，那么航天器应该就能够通过对比当前观测到的恒星位置与地球上的观测结果，大致判断自己的位置。

此外，还可利用的是脉冲星，也就是恒星爆炸后的残留产物，它们与地球距离遥远、高速旋转且密度超高。银河系中每一颗已知的脉冲星都有自己独特的 X 射线发射模式，有些脉冲星每千分之一秒发射一次 X 射线，从而形成了自己的独特性征。

找到这些已知脉冲星在深空中的位置，然后将其与来自恒星追踪器的数据和来自地球的无线电信号相结合，航天器就可以很容易地判定自身与追踪器和地球的位置关系。

未来，我们勇敢的探险家们并不会飞经脉冲星那可怕的辐射区附近，但正如宇航员尤里·加加林指出的那样，在他们穿越太空前往新家园的过程中，大自然仍有可能以各种各样的方式致我们的勇士于死地，其中就包括辐射暴露。

银河宇宙射线的危害不容忽视

除了吸血鬼，谁会不喜欢艳阳高照、万里无云、阳光明媚的日子？尤其是在春秋季。如果你太喜欢晒太阳但没有穿防晒衣或适当地涂些防晒霜，那么就有可能会为自己的过度放纵而付出代价，那痛苦的代价就是晒伤。这是过多暴露在太阳紫外线下的副作用，这也属于辐射暴露。因此，航天器也可能在太空中遭遇严重的、有时甚至是造成任务终结的辐射风险。辐射的种类很多，对航天器造成不利影响的方式也很多。

太阳的紫外线不仅会导致皮肤晒伤，还会导致人类制造的许多材料发生降解。它对聚合物、长链（大）分子的影响极大，这类材料在日常生活中十分常见，比如塑料、硅树脂和尼龙。太阳的紫外线会令它们变脆，更容易断裂。

高能质子、电子和 α 粒子是在太阳风爆发时从太阳内部喷射出来的（参见第 1 章），其危害作用格外隐蔽，尤其是对电子设备的影响。入射的粒子辐射与航天器中的一个或多个原子发生碰撞，产生能量更少的新粒子，形成二级粒子辐射的级联。然后，每一个新粒子都与自己途径的物质相互作用，产生更多能量更低的新粒子。最终，随着更容易被吸收的持续相互作用产物的能量逐次递减，级联终止了下来。

正是这种能量吸收对航天器及其电子设备造成了损害。部分被吸收的能量转化成了热量，如果不加以控制，便会导致材料性能发生变化，比如强度和导电性。

有些粒子会导致与其相互作用的物质发生电离，产生大量正离子或负离子，从而引起放电并损坏敏感的电子设备。毕竟电子设备周围布满了移动的带电粒子。

这种情况被称为电离损伤，工程师在查验电子设备的使用寿命时，主要依据是基于电离总剂量，从而判断设备的运行状态。

在设备出现故障之前，电离总剂量是持续累积的。如果进入粒子的能量足够高，质子、电子和自由中子便会参与到二级粒子的级联中，从而植入电子设备，并在设备发生位移损伤的过程中对其造成损坏并改变设备的材料特性。这是另一种会随着时间推移而累积的损害。

临时性损害也可能会成为问题。单事件干扰是由单个带电粒子穿过半导体材料所引发的。数字数据由二进制数据串、0 和 1 构成，它们通常在电子存储器或信号中被编码为单个电荷单位的有或无。我们的数据字符串或计算机命令是一系列电荷编码的信息，大致显示如下：++－－+－++－－。在单事件干扰中，带电粒子与这串电荷所处的材料相互作用，将 a+ 变为 a-（反之亦然），可能改变了数据或命令的含义。

尽管可以利用补救技术对电子设备进行保护，使其免受一些瞬时事件的损害，避免造成重大影响，但这在很大程度上只是一种概率游戏。如果掷出足够多的骰子，或者说有足够多的质子与材料相互作用，便会出现不良结果，使补救措施无法奏效，从而导致故障。因此，在航天器探索太阳系的过程中，出现过许多数据错误、航天器重置，甚至任务彻底失败的情况。

保护材料和电子设备免受在太阳风中所遭遇到的穿透性辐射损害的最佳方法是利用惰性物质作为屏蔽（图 7.1）。如果在辐射源和

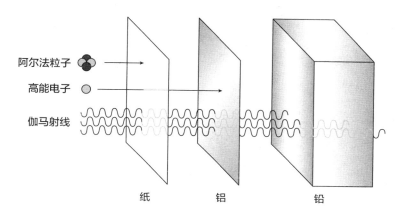

阿尔法粒子

高能电子

伽马射线

纸　　　　　铝　　　　　铅

图 7.1　宇宙射线防护

要想阻挡辐射通常都会增加质量。所需增加的质量取决于想要阻挡的辐射类型及其能量大小。最容易阻挡的是大型的辐射，只需几张纸便可挡住相对较重的 α 粒子（氦原子）。接下来是 β 粒子（电子），利用薄铝片就可以实现有效阻挡。伽马射线实际上是非常高能的光子，只有非常厚实且非常沉重的铅块才能阻挡。改编自诺菲特·阿米尔（Nofit Amir）的"伽马辐射防护"。绘图：丹妮尔·麦格里。

需要保护的材料之间配置足够量的惰性物质，那么在辐射粒子对材料造成损害前，就可以进行阻拦并防止相应危害。可惜的是，这种举措令推进难题雪上加霜。更多的质量被用来保护航天器，也就意味着需要更多的质量来进行加速。

如果电力充足，还有另一种解决方法可供选择且可行的，那就是磁场防护。该方法与我们在第 6 章探讨过的磁场帆密切相关，主要是基于一个事实：当任何带电粒子（电子、质子、电离钙离子等）通过磁场时，它会受到一个垂直于其运动方向的力，这个力同时也垂直于与之相互作用的场。这就意味着一个足够强大的磁场应该能够使入射的宇宙射线发生偏转，这样射线就不会击中飞船并对其造成损害。

要想了解实际的效果，我们可以参考下地球的磁场。地球的磁力线从北极延伸到南极，覆盖了整个星球，形成了一张防护毯，将绝大部分的太阳风从地球表面转移或捕获，避免人类沉浸在辐射浴当中，也避免了地球在此过程中被彻底消毒。

当太阳风离子与磁场相互作用时，有些被直接反射掉；有些则与磁场的最外层纠缠在一起，一直延伸到地球的后侧，直至最终完全脱困，继续飞离太阳系；还有一些被困在磁场线中，于地球两极之间来回弹跳，当这些离子进入靠近两极的低层大气时，它们会造成那里的空气分子发生电离，于是便产生了璀璨的极光。

不幸的是，有一种空间粒子辐射，即使地球的巨大磁场也无法为我们提供保护，那就是银河宇宙射线（GCRs）。银河宇宙射线是充斥在宇宙中的高能原子，它们很可能是银河系其他区域的恒星爆炸时产生的。与主要由氢和氦原子组成的太阳辐射不同，银河宇宙射线可以由元素周期表中的任何元素组成，并且其拥有惊人的运动速度，可接近光速。

对于任何我们能够想象得到，可用于宇宙飞船防护层的材料，银河宇宙射线均可与之相互作用并最终穿透。鉴于这种射线的质量相对较高，在穿透防护层后，银河宇宙射线可造成的损害要比质子或 α 粒子大得多。这些都是我们未来需要持续关心的问题，尤其是在我们开始派遣载人飞船以后。

更糟糕的是，当飞船以光速的 10% 航行时，遇到一个运动速度相对缓慢的原子，如：氢、氦，或任何其他元素，快速运动的航天器与慢速运动的粒子之间，相对速度仍为 10% 的光速。此时，氢原子相对于航天器而言，是在以 10% 的光速运动，从而化身为另一种高能粒子，拥有了造成上述损害的能力。这就进一步增加了人类不得不处理的辐射问题的难度。

人类创造的世界舰会是什么样子的？

最后，还有一项挑战，那就是如何在一个可能是有史以来最恶劣的环境中建造一种必须能够持续运行数百年的机器设备。能够支持机器设备长期运转的关键在于其部件本身的结实耐用，同时它还应具有良好的冗余性。我们可以通过设计和制造工艺来确保零部件的可靠性，但机器设备在没有任何人为干预的情况下连续运行 100 多年的范例仍然罕见。

该目标虽然可以实现，但成本可能会无比高昂。因为没有任何一个系统是万无一失的，所以关键的航天器系统应具备冗余度。在实践中，这意味着要么在航行中准备两套系统或组件，一旦主系统出现故障，随时可以激活另一个，要么准备另一套完全不同的组件或系统，当一组故障时另一组可承担起同样的职责。当然，加强冗余度可能会增加质量，从而加剧推进系统的负担。

增加冗余并非只能搭载两套相同的版本，尽管通常都会这样操作。例如，旅行者1号和2号便是完全相同的航天器，各自能够独立执行任务。如果其中一艘出现故障，大部分科学数据仍然会由另一艘发回地球。如果每次都要制造两艘同样规格的航天器，我们很快就会发现这种方案有些过于昂贵。

最好将冗余系统视为可以采用多个独立路径完成工作的系统。冗余系统或组件可以相同或相似，在主系统故障时自动启动，且应部署在航天器的不同区域，如遇灾难性事件损坏其中一部分，另一部分仍可得以保全。

在条件允许的情况下，航天器设计者会尽量为航天器增加冗余，以提升其成功完成任务的概率，设计载人飞船时尤为如此。研究表明，适当的冗余度几乎在每次飞行中都起到了拯救机组人员，延续探测任务的作用。想想阿波罗13号，如果没有冗余且随时待命的登月舱，可供宇航员在灾难发生后供月球至地球的返程中使用，宇航员很可能已经遇难。

即使向另一颗恒星发射一艘相对较小的机器人航天器，依然是一项严峻的挑战，航天器质量可能小如一颗葡萄干，也可能大如一辆大型汽车。而要发射一艘3000万千克至1亿千克的载人宇宙飞船（推进系统或燃料不计在内），难度更是不可同日而语。我们并不是说这一目标无法实现，大自然最强调的就是一切皆有可能，只不过真要实现起来总是困难得多。

我们来讲一讲载人星际飞船可能会是什么样子。关于星际飞船的备选设计方案，英国星际学会（British Interplanetary Society）是考虑得最为周到全面的。英国星际学会曾多次赞助相关专题研讨会，并刊发了多本该专题的同行评审期刊。

近期，在英国星际学会的期刊上发表的一篇论文中，安德里亚斯·海恩（Andreas Hein）与合著者共同创建了一种有效的分类方法，根据现有推进系统的性能来描述世界舰的大小。我将采用他们的命名法，稍作修改后用于本书。

第一类飞船被称为全速舰，支持搭载 1 000 名以下的船员。原因很明显：如果一艘飞船能够以高达 10% 或以上的光速穿越星际空间，那么可以肯定的是，只要其他飞船能很快跟上来，那么单艘飞船就不必承担建立外星定居点所需的一切物资负担。

特别是还要考虑维持基因多样性，首批人口的搭载人数须满足一定的要求。船员人数越少意味着航行中生存供给所需的质量越小，对飞船设计寿命的要求更宽松，所需的冗余也更少。这些因素都令推进问题以及其他问题变得简单许多。

第二类是载客量在 1 000 人到 10 万人的飞船，航行速度低于 10% 的光速，被称为殖民舰。这并不是一个讨喜的名字，在世界上许多地方都意味着相当负面的含义，当地的民众都曾饱受帝国主义和殖民主义的折磨。

鉴于这个原因，我把这类星际飞船称为移民舰，并假定移民所要前往的世界为无人居住地。移民舰的规模要大得多，由于需要更长时间才能抵达目的地，所以必须搭载更多的物品，如补给、备件等。鉴于移民舰抵达目的地所需的时间可能比人类的一生还要长，所以必须慎重研究将要影响全体船员一生的社会、政治和经济体系。

最后一类是真正的世界舰，载客量超过 10 万人，需要几个世纪或上千年才能穿越恒星之间的空间。这些庞然大物可能类似于大版本的全速舰和移民舰，也可能更像是行星旁的卫星，或者干脆就像一整颗行星。这类飞船被称为世界舰，终究是有原因的：它们可以如同整个人类世界那样运行，不必仿照任何类型的舰船。

由于本书讨论的星际旅行，而不是有关世界舰的设计方案，所以我们将移民舰作为重点讨论对象，其主要原因在于推进问题。就现代物理学而言，要想支撑大规模舰船以超过 10% 的光速航行，可供选择的方案并不多。要建造一艘真正的世界舰，所需的巨量后勤补给以及遍及整个太阳系的大力投入，使其更接近于科幻小说的产物。而处于中间类别的移民舰，似乎是最具合理性和可能性的。

建造一艘载人飞船所面临的技术挑战，既包括机器人飞船需要攻克的所有难题，只是规模要大得多，同时还要解决人类的生存与健康问题（图 7.2）。

图 7.2　艺术家笔下的世界舰

　　传统的世界舰造型设计倾向于修长的圆柱形船体，围绕其长轴缓慢旋转，为船体提供模仿重力的加速度。这种舰船可以在乘客的头顶上呈现一片开阔的天空，让乘客有种身处"户外"的感觉。这块人造栖息地最终的大小将取决于搭乘人数的多少，但目前的想法是将其直径设定为 1/2 英里，圆柱体的整体长度可达数英里。

　　并非所有用于机器人星际探索的推进系统都能很好地适用于这种大规模舰船。对第一批定居船来说，太阳帆、激光帆和微波帆都是不现实的方案。

　　这是因为，光子压力很小，用它来加速一艘 3 000 万千克的星际飞船，所需的输入功率将会是一个到几乎难以理解的天文数字。

是的，未来的工程师也许有可能研制出单层原子厚度的帆，其直径与月球相当，借助激光束或微波束进行加速，并大幅利用太阳辐射进行能源供给，因此没人敢说这种方案绝无可能，物理学当然也不排除这种可能性。光束能在机器人探测领域前景光明，但对移民舰级别的星际飞船而言，仍然过不了"实用关"。

如果飞船上拥有船载动力系统，那么光子驱动便能成为一种可供选择的方案。诚然，它有一个比光束能推进系统更糟糕的问题，因为每个光子如果仅经过发射与反射，其生成推力的效率只有一半，但整个光束发射器和反射器的问题就都不复存在了。光子推进器和驱动它的动力系统都将安装在飞船上。

核聚变推进系统拥有良好的能量密度与可扩展性，足以支持移民舰级别的飞船前往附近恒星系开展探测任务，有待解决的应该只是反应堆的大小和推进剂的选择问题。如果巴萨德冲压发动机能够保持高效运转，则推进剂质量问题解决起来就要轻松一些，因为飞船在恒星间航行时，沿途可捕获偏离轨道的氢原子，从而对船载燃料的供给进行补充。

如果要开启一场相对较快，只是前往附近恒星的太空之旅，那么核脉冲推进方案的可行性很高。鉴于飞船必定是足够巨大的，足以承受数百次核爆炸带来的推力。

设想一下，当一艘 3 万吨的星际飞船以 3% 的光速"撞向"半人马座阿尔法星时,并不会令人有横冲直撞的感觉。至少在理论上。猎户座推进系统格外适合驱动这种类型的飞船。如果要奔赴更加遥远的恒星,3% 左右光速的速度上限便会成为问题,会导致航行时间过长。

反物质推进方案是最具可拓展性的,因为该方案效率高,且启动反应所需推进剂质量仅为其他推进方案的一半,所采用的普通物质在各种环境下均可获得。反物质的生成与储存问题本质上与无人的机器人飞船没有区别,只是规模问题。如果有谁知道如何将全球反物质产量从一克若干分之一增加到公吨级别,请务必广而告之。

好消息是,在较长时间内,为一艘规模较大的飞船持续提供动力也基本只是一个规模问题。核裂变与核聚变能源系统本质上都具有可扩展性,这意味着同样的基础设计可以构建规模更大、寿命更长的系统。

而且,只要有足够的核燃料,就有可能确保航程内安全运行。拥有驱动一艘飞船高速航行的能量密度与能够连续生成千兆瓦的电力难度有着天壤之别,后者比前者要容易得多。这两方面均有待进一步研究。

同无人飞船相比,载人飞船与地球之间的通信要求更加严苛。宇航员在航行过程中必然会希望与亲人和朋友保持联系,因此需要随时为数千人提供高频率、高带宽的通信。这将增加船载功率要求和孔径的尺寸。在为机器人探测器提供星际通信的基础上,要满足这两项额外条件并不需要突破性的科研成果。

载人飞船在导航方面并没有显著区别。无人和载人飞船的唯一差异在于，载人飞船上的生命更加依赖精确的导航。

保护人类生命长期不受辐射影响是一项极难完成的挑战。物理学中没有提供这种保护的灵丹妙药，至少到目前为止，质量似乎是最好的解决之道。我们在前面提及过，即使大到整个地球磁场的程度，也无法阻挡银河宇宙射线，但质量足够大时却可以成功阻挡。虽说这种方案对质量受限的机器人探测器来说可能站不住脚，但载人飞船本就十分庞大，为什么不再继续增加一些呢？

的确，有些原子能够比其他原子提供更好的防护作用，其中氢是效果最好的，但差异轻微，并达不到数量级的区别。与飞船推进系统用作燃料的氢相同，船载核聚变动力系统的正常运行也需要氢，人类的生存同样需要氢，因为当它和氧气结合时，便会形成水。

在这点上，大自然可能给我们出了道轻松易解的题。一艘满载氢的星际飞船也许能够在航程中，将相同的氢元素投入许多不同的应用当中。飞船周围配置的大水箱可提供辐射防护，供宇航员饮用、就餐和烹饪时持续消耗，然后再通过收集宇航员生活时产生的湿气和废物，循环成水，其过程与国际空间站的现行做法大致相同。

此外，水还可以再次被转化回它的基本构成元素：氢和氧，只需将电流注入水中即可，这个过程被称为电解。分解出的氧气可以用来补充宇航员的呼吸系统，而氢气则可以根据情况输送到动力或推进系统。要想起到防护作用，究竟需要多少水呢？答案是很多。也许需要达到整个飞船质量的 90%，才能为宇航员提供防护。

平均每人每分钟约吸入 2 加仑的空气。用这个数字乘以成千上万活着的，且需要不停呼吸的星际移民，我们会得到一个无比巨大的数字。然后是水，美国人的人每天均用水量为 300 加仑；欧洲人的人均每天用水量为 38 加仑；国际空间站宇航员平均每天用水量为 3 加仑。接着，我们来计算一下宇航员和全体乘员共需要多少水，以及如何才能满足这一需求？

令人出乎意料的是，我们的空间技术在这方面表现出色。国际空间站采用的系统被称为环境控制与生命支持系统（ECLSS），可回收空气中近 100% 的水分和尿液中 85% 的水分，从而使总体净水回收率达到 93% 左右。

相比其他技术领域需要改进的空间，目前已达到目标的 93% 已经相当不错了。空气的回收问题则还有相当长的一段路要走。国际空间站在重复利用已消耗氧气方面的效率不足 50%。

为了养活地球上和太空中的数十亿人，人们付出了巨大的努力来提高地球上的农业生产效率。尽管挑战依然存在，但植物在太空中的生长似乎不存在任何本质上的阻碍，因此限制因素可能在于划定种植空间内的作物产量问题，以及可利用的资源问题（空气、水、营养物质等），这与地球上的情况是一样的。

无重力太空环境对人类的挑战

人类天生不适合生活在低重力环境中，太空旅行者因此受到的不良影响早已有据可查。许多人在第一次进入零重力或微重力环境时，会感到头晕、丧失方向感、恶心和呕吐。人体的神经平衡系统与视觉和听觉等其他感官相配合，可以帮我们保持平衡，分辨出"上"和"下"，评估我们的运动速度，从而使得我们参与到需要完美整合所有感知系统的体育活动中，如：视觉和听觉。

前庭神经系统是平衡系统的关键构成部分，而外太空因为缺乏重力，会在很大程度上对该系统造成扰乱。人的内耳有一处平衡器官叫作耳石，里面含有细小的毛发和液体。当你的身体开始加速或改变方向时，这些毛发及其周围的液体也会随之移动，向大脑传送它们所感知到的信息，使我们能够感知到这种运动并根据需要进行调整，如通过前倾调整头部位置等。

重力可以起到稳定耳石的作用，就像钟摆只会在规定的弧度内运动一样，重力会令耳石始终保持定向运动。在太空中，不再有重力及与重力相关的惯性来稳定耳石，耳石开始处于"漂浮状态"。整个身体也是一样的状况，于是身体向大脑迅速发送相互冲突的感知数据，导致方向感丧失，在此期间通常还会出现恶心的症状。

幸运的是，随着时间的推移，大多数人都能适应这种被迫改变的感知状态，并逐渐习惯这种状态。但也有些人始终无法完全适应这种改变。[①] 好在，这种感知状态的改变通常都是阶段性的。

在太空中，重力不再发挥作用，体液因而无法自主流向双脚，体液会被重新输送到身体各处，这就是为什么许多宇航员在到达太空后不久便出现明显的脸颊浮肿，如同花栗鼠一般。这会让身体误以为体内的液体过多，于是身体会想办法消除所谓的多余体液。增加排尿就是众多方法之一，这通常会导致血容量损失约 20%。与此同时，重力对心脏的压迫变得更小了，下半身血液回流不足。

腿部肌肉会在走路时帮助血液从腿部泵回心脏。但是在太空中，宇航员不需要行走，因此他们的大腿也无法协助泵回血液。综合以上因素，失重环境会导致心肌衰弱。由于泵送的血液减少，肌肉运动减少，便会出现血压下降的情况。

当人重新回到重力环境时，较低的血容量和血压是最令人担心的问题。此时重力往往会使体液尤其是血液流向下半身，远离头部从而导致头晕，严重时甚至会发生昏厥。当宇航员飞回地球或在另一个星球表面着陆时，我们当然不希望这样的事情发生。

此外，宇航员还面临着骨骼强度和肌肉质量损失的问题，且这种影响并非临时性的，因而危害更大。在没有地球重力的环境之下，宇航员每个月都会损失大约 1% 的骨量。骨骼需要在一定压力下才

[①] 在太空界有件轶事，美国参议员杰克·加恩（Jake Garn）于 1985 年参与一次航天飞机探测任务，并患上了有史以来最严重的太空病。此后出现的病例，都会以加恩的病情程度作为衡量标准，就此产生了一种非官方的、高度非正式的评估工具——加恩量表（Garn Scale），旨在描述宇航员经受的太空病程度，加恩指数越高代表患病越严重。

能保持强度，这与骨骼的质量密切相关。

在地球上，所需的压力很容易通过简单的行走、跑步及日常活动来实现。我们日常走出的每一步，都会受到将身体向下拉的重力，这感觉就像是受到一次小撞击，对骨骼造成轻微压迫。失去了这种重力的压迫，骨骼就会失去质量和强度。

通过手机的健身软件，我得知自己通常每天会走 6 000 到 11 000 步。也就是说，我每天会受到 6 000 到 11 000 次的撞击，每一次撞击都在帮助我维护骨骼。宇航员是无法获得这些撞击的，他们只能依靠精心编排的训练计划，利用专门设计的设备进行补救，但这些设备仍然无法完全模仿所需的助力。

当骨骼变得脆弱时，它们很容易断裂。只要问问患有骨质疏松症的老年人就能知道了，骨质疏松症是一种类似的现象，只不过它是由衰老、缺乏锻炼和辅助压迫力造成的，而不是缺乏重力。

同样地，宇航员还会失去肌肉质量，这点很容易理解。虽然宇航员在太空中仍然有质量，但没有重量。重量是重力作用于质量的结果，没有重力，就没有重量。想想看普通人的日常生活，我们总是在利用肌肉托举重物，就连早上起床这个简单的动作都可以锻炼到我们的腿部肌肉。而刷牙这个动作则会同时锻炼到手臂和腿部的肌肉，除非你是坐着刷牙，此时你会利用前庭系统获取的感知信息来维持自己的姿势。

就这一点而言，举起任何物品都会对肌肉起到压迫和强化的作用，举起的东西越重，感受到的压迫力也会越大。在太空中，这种常见的肌肉压力基本上会消失，肌肉也随之萎缩。在太空航行的前 11 天左右，肌肉质量损失率高达 20%。

值得庆幸的是，我们可以通过严格的训练方式，在零重力环境下保持肌肉质量，国际空间站上的宇航员每天的锻炼时间长达 2.5 小时，就是为了减缓肌肉质量的损失。

历经数十年乃至几个世纪的深空航行，当宇航员或星际移民们第一次登陆另一个新世界时，肌肉量的减少和骨密度（骨强度）的下降如果得不到缓解，反而持续累积的话，其后果可能会是灾难性的。当他们开始在外星世界的地表之上行走时，由于肌肉量的减少和前庭神经系统仍在适应外星世界的重力环境，人们很有可能会笨拙地摔倒，而如果他们要是真的摔倒了，则很可能会造成骨折。

因此，载人飞船的设计中，务必要加入能减缓这些副作用的功能。只要我们"着眼于全局"，目前这个问题可被纳入与星际旅行相关的常规课题，最终一定会找到解决方案。

现在请你回想一下重力以及你对重力的感受。想一想你上一次踩下汽车的油门踏板，或是感受到飞机在跑道上加速起飞，又或者乘电梯上行的感觉是怎样的。在这些情况下，你经历的加速感，除了持续时间有所区别外，和重力带来的体验是一样的。这是因为重力就是我们所说的加速效应。在地球上，我们感受到的加速度是由地球的质量对我们产生牵引力造成的。

在另一些例子中，其原因主要在于速度的变化，但最终效果是一样的。一旦我们意识到这一点，我们就可以想象并构建一个旋转的大型驻地，通过旋转来模拟重力加速度，使人体感受到维持骨骼强度和质量所需的骨骼压迫力，以及在移动既有质量又有重量的物体时肌肉的压迫力。

鉴于宇航员在太空中的生活时间极其有限，肯定还会有其他一些长期的负面影响尚未被发现。

迄今为止，人类在太空中的最长停留时间为 438 天，这一纪录是由俄罗斯宇航员瓦列里·波利亚科夫（Valeri Poliakov）在 1995 年至 1996 年创造的。

可靠性问题：为关键系统提供必要冗余

吉姆·比尔（Jim Beall）曾是一名核工程师，在核工业领域拥有超过 45 年的经验，他写了一篇充满趣味性的短篇小说名为《我们的世界舰坏掉了》（*Our Worldship Broke*），主要是讲星际飞船的可靠性问题。

因为核电站与世界舰在设计要求方面存在诸多相似之处，两者都须确保在超长时段内安全运行，且不出任何故障。所以，我在与比尔交流时曾问他：如果要建造一艘世界舰，他给出的首要建议会是什么？

他的回答意味深长："冗余、冗余，还是冗余。"

这当然是项合理的建议，但对天生受到质量限制的星际飞船而言，这却是一项艰巨的挑战。在地球上为核电站准备多个备用系统并不是件难事，因为核电站的总体规模和质量并不是核心问题，这一点与星际飞船大不相同。在星际飞船上，每增加一磅的冗余，就需要增加大量额外的推进剂用于加速。除了为关键系统提供必要冗余外，还需要找到更好的解决之道。

这就不得不提到增材制造或 3D 打印技术了。简而言之，复杂硬件的传统制造方式通常需要将所有部件和组件分别进行独立构造，每个部件和组件的设计和制造都有严格的接口要求，以便在最终组装时能够相互适配、正常运转。这就是汽车、冰箱、电脑乃至火箭发动机的传统制造模式。每个部件都有自己独特的制造设备，专门为制造该部件而设计。

当我们把负责制造各零部件的生产企业置于一个工业基地，放在一起综合考虑时，整个工程是巨大的。长时间的载人太空航行需要携带多种关键设备的配件，这在过去被认为是不可避免的。毕竟，在去火星的路上，如果有什么东西坏了，谁也无法找到制造零部件的产业基地去更换零件。但是，3D 打印机的出现彻底改变了这种观点。

3D 打印机利用细致的计算机模型将各种各样的原材料逐层连接起来，便可直接制成所需的各种部件。与许多新技术一样，3D 打印机刚出现时，形式简单且品类单调，选用的材料是易于延展的塑料，主要用来制作一些有趣的小玩意和非功能性的模型，其主要目的是帮助工程师设计零件的形状和规格，而不一定使其具有实际使用功能。

随着3D技术的成熟，其精细度也在日益提升。如今，越来越多的复杂系统都是利用增材制造技术生产出来的，其应用范围也越来越广，以至于有人预测，许多大型硬件零售商将会消亡。而对一站式增材制造网站而言，无论是何种零部件，他们都可以提供一站式制造服务，且"立等可取"。

与星际旅行最为密切相关的是，NASA正在推广这项技术，并希望借此解决国际空间站以及未来月球和火星基地的备件需求问题。2014年，NASA曾向国际空间站发送了第一台3D打印机（图7.3）。

当人类开始为第一个实现自给自足的太空定居点书写历史时，两项令梦想成真的关键性技术一定会被记录下来的：首先是火箭，其次就是增材制造技术。未来的世界舰无疑将搭载当代3D打印机的技术升级品，仅利用船上装备的大量原材料，这些打印机就可以制造并替换掉航行中可能需要的任何部件。

我们已在较高水准上探讨了前往另一个星球旅行所必需的几乎所有重要主题和技术要求，其内容仅受限于当代物理学的认知水平和未来工程技术中人类思维的创造力。

但是，如果我们对宇宙运作原理的了解并不像自认为的那么多，又会怎样呢？在这种情况下，没有什么比科幻小说更适合去思考"会

图 7.3　第一代太空级 3D 打印机

第一代太空级 3D 打印机已经在国际空间站完成了飞行和相关测试，背景是微重力科学手套箱工程组 (NASA)

怎么样"这件事了。科幻小说的想象有时与未来的现实很接近，有时则不然。现在让我们天马行空一次，看看如果理论上的种种设想以某种方式或在某一天成为现实，那么可能会发生什么。

A TRAVELER'S GUIDE
TO THE STARS

Scientific Speculation and Science Fiction

科学幻想终将成为现实

我认为人类在地球的生存期不会超过 1 000 年，除非我们向太空扩张。在一个星球上，生命可能遭遇的意外太多了。但我是个乐观主义者。人类必将迁往其他星球。

史蒂芬·霍金（Stephen Hawking）

在斯普特尼克 1 号人造卫星发射前，也就是太空时代到来前夕，科幻小说家就在想象人类要如何开启前往另一个星球的旅行，并且从不羞于去创造各种虚构的星际驱动器，其内容大致参考了当时最新的科学突破（基于真实科学的小说），或者是基于那些未来可能成为现实的事物（虚构科学）。这两类内容构成了我们现在所熟知的科幻小说，外行读者很难对这两类内容进行区分。

　　船员们登上进取号星舰，启动反物质驱动（可能实现）的曲速引擎（也许无法实现），在几小时或几天内穿越数光年的距离，这很容易让人产生不切实际的期望，认为这样的事情最终可能会发生，或者很快就会变为现实。

　　尽管太空航行在历经半个多世纪的发展中已经取得了巨大进步，空间科学与探索领域也取得了重大成就，但相关技术的发展与空间探索的进程仍未达到公众的期望。《星际迷航》并不是唯一一部将现实与幻想相结合的作品，但该剧是受众最广、文化知名度最高的代表作品之一。

作为一名物理学家和科学史的持续学习者，我并不认为科幻小说中描述的那些基于推测的物理学，以及一些充满美好愿望但脱离自然规律的思路都是完全不可能或不科学的。

过去，许多怀揣美好愿景且成就卓著的科学家也做出过类似的判断，但他们的论断后来都被新的理论、实验和观测数据证明是错误的。

此外，我们目前拥有的适用于宏观世界的标准模型（广义相对论）和适用于微观世界的标准模型（量子力学）彼此互不相容，这就意味着很有可能会存在一种尚未被发现的对自然界更全面的理解。正如量子力学和广义相对论的结合，给人类带来了 GPS 技术，让我们可以利用手机进行导航。

在对大自然拥有了更加全面的理解之后，又会给我们带来怎样的新技术呢？这里拥有足够的空间供我们发挥想象和创新，但所有的新思路都必须以物理学的严谨逻辑和数学推算为基础，确保理论上的连贯性。

虽说如此，我还是只能根据人类目前对自然界的理解，逐一对各种科幻元素的现实程度进行评估。

超越光速在星际航行

阿库别瑞曲速引擎

在科幻小说中，进取号星舰的曲速引擎可能是世界上最著名的太空驱动器（图 8.1）。借助这种驱动系统，英雄们在已知的宇宙空间内自由穿梭，方便快捷地到访各式各样陌生的新世界，并大胆前往……剩下的情节大家可能都清楚了，总之每一季的故事都精彩纷呈，不分上下。[1]

在采用曲速引擎时，飞船并不会像采用超光速引擎时那样脱离宇宙，而是利用巨大的能量来改变时空的形状，使飞船能够快速穿越常规空间。这个速度能有多快呢？

为了回答这个问题，该系列的创作者已经出版了多版指导手册，供每一季的编剧使用，以便所有《星际迷航》的剧集和图书均可保持自洽。其中一版编剧指导手册解释说，每个翘曲因子（从 1 开始的整数）都是其立方乘以光速。根据这个定义，曲速 1（$1 \times 1 \times 1 \times$ 光速）就是光速，曲速 2 则是光速的 8 倍（$2 \times 2 \times 2 \times$ 光速），曲速 3 是光速的 27 倍（$3 \times 3 \times 3 \times$ 光速），以此类推……很快，你就能从一颗恒星抵达另一颗恒星，这要不了多少时间。

航行时飞船无须脱离常规宇宙空间，从而绕过了创造新的宇宙

[1] 最初的《星际迷航》系列当然是最好的，也是最有影响力的。我们这一代在航空航天领域工作的无数同龄人都把他们对科学、工程和太空探索的兴趣归功于柯克船长、斯波克先生和进取号上的其他原始船员。

图 8.1　《星际迷航》中的进取号星舰

企业号是科幻影视系列《星际迷航》中一种虚构的银河级星舰，
装备有两部曲速引擎，从亚光速进入曲速 9 级仅需 0.3 毫秒。

空间这个棘手的问题，只不过仍有一个难以忽视的问题：这真的能
实现吗？我们可以高声回答"也许"，前提是你愿意假设从未见过的、
可能不存在的物质状态是存在的，而这就要说到阿库别瑞曲速引擎。

　　物理学家米格尔·阿库别瑞（Miguel Alcubierre）通过研究爱因
斯坦的广义相对论，发现了另一种数学上可行的方程解，这种解可
以让一艘星际飞船看起来快于光速，但实际上它并没有超越光速。

　　在这个理论模型中，星际飞船可迫使船身前面的时空收缩，同
时令船身后面的时空膨胀（图 8.2）。通过缩短要覆盖的距离，即船

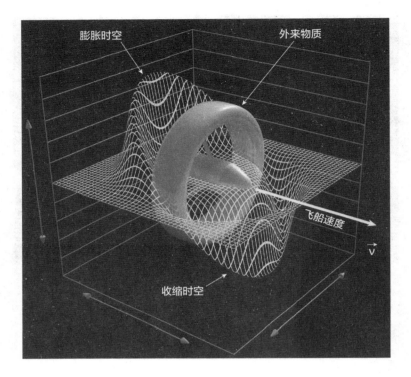

图 8.2 阿库别瑞曲速引擎

在阿库别瑞曲速引擎的概念中，飞船前面的时空收缩，后面的时空膨胀，导致飞船同时受到膨胀时空的推动和收缩时空的拉动，从而使飞船的航行速度超过局部光速。图片由索尼·怀特（Sonny White）博士提供。

身前方被收缩的时空，一艘未达到光速航行的飞船可以轻松穿越很远的距离，而且其自始至终都未超过局部光速。当飞船穿过收缩的时空后，时空又会在船身后面膨胀回正常的大小，保留下完好无损的自然形态和未受扰动的时空，只不过从另一个视角看，飞船的航行速度显得比光速快许多。那么，其中的奥秘到底是什么呢？

奥秘就在于数学与物理的差异。的确，数学极为擅长描述宇宙运行的规律。然而，有许多数学公式是完全自洽的，在各方面的逻辑上均正确无误，但与宇宙的实际运行规律风马牛不相及。

虽然，理论物理学家提出的各种理论往往也是以各种"假设"为前提，但这些理论却只有在通过实验或观察，并被证明能够预测自然的实际运行规律后，才会从纯数学推算发展为物理学。就阿库别瑞曲速引擎而言，未经证实的创新思路在于负质量或"外来"物质。

什么是负质量呢？负质量并非反物质，反物质的概念很简单，其主要特点在于：它的电荷与正常物质的电荷完全相反。反物质也的确存在，上文已经做过介绍。负质量指的是某个物体的质量为负值，其基本测量单位是 -1 千克。

没有人明白其真正的含义到底是什么，也没有人发现或创造过这种质量。想想爱因斯坦发现的物质与能量的关系，也许同样会有人发现负能量，一旦负能量被发现，那么就有可能将其转化为类似的负物质。尽管目前已经有一些有趣的发现，但依然没有足够的证据能够确认负能量的存在。

阿库别瑞发表过一篇论文，对曲速引擎运行原理进行了数学推算，其影响力巨大。正如他在文中所述，量子力学提供了一种机制，可通过卡西米尔效应来呈现所谓的负真空能量密度。这种负真空能量密度恰好符合广义相对论所描述的外来物质的所有数学特征。也就是说，在空间扭曲这种新思路的可行性在物理现实中被认可之前，还有一些其他的挑战和障碍需要解决。

利用更高维度旅行

科幻小说中另一个超级著名的星际驱动器是千年隼号上的超空间引擎。《星球大战》（*Star Wars*）的创作者们已经将超时空引擎的工作原理讲得很清楚了，所以我们就不必自己来钻研：

> 超空间引擎可使星际飞船的航行速度超越光速，通过超空间中的"其他维度"穿越太空。正常空间中的大型物体在超空间中会投射出"质量阴影"，因此在进行超空间跳跃时必须进行精确计算，以避免发生碰撞。

我们是否有可能在未来的某一天，利用"其他维度"前往自己的目的地呢？科学家可能对这种"其他维度"了解得不多，但他们通过推理得出结论，即真实世界的维度要比我们认知里的标准三维世界（还可以加上时间维度）更多。

更多维度的存在是弦理论的重要组成部分，而弦理论则是物理学家自牛顿时代以来一直在持续探索的理论，该理论是替代万物理论的主要备选者之一。在弦理论的诸多单元中，大多数假设的弦维度都非常小，比目前已知最基础的粒子（如夸克、电子和中微子）还要小。

　　弦理论不止一种，而是存在多种相互竞争的理论，这些理论所采用的数学和理论架构是相似的，只不过所假设的时空维度数量有所不同：M 理论为 11 个，超弦理论为 10 个，玻色弦理论为 26 个。这些维度的尺寸究竟有多小呢？有些长度仅为 10^{-35} 米，被称为普朗克长度。想要借助弦理论的超小维度穿越遥远的星际距离，可能性不大。

　　作为弦理论中的尖端学说之一，有一种正在蓬勃兴起的理念认为，我们目前所处的 3+1 维的宇宙只不过是更高维度宇宙的一个子集，我们在某种程度上类似于埃德温·A. 艾勃特（Edwin A. Abbott）所著的《平面国：一个多维度的浪漫故事》（*Flatland: A Romance of Many Dimensions*）[1] 中所描绘的那种二维生物。

　　如果有谁愿意暂时搁置对证据的要求，也就证明这样一个高维宇宙确实存在，那么利用这种理论实现超空间旅行并不稀奇。当然，星际飞船进入和穿越高维空间的途径从未被具体描述过，因为没有人知道，甚至连一点线索都没有。

　　《星球大战》背后的创造力极其强大，该片还利用超空间理论解决了星际旅行的另一项技术挑战——通信。在现实的宇宙中，从 100 光年之外的某地向地球发送一条无线电信息需要 100 年的时间，因

---

① 书中描述了一个由几何图形构成的二维世界。男人是各种各样的多边形，女人则是线段。这个简单易懂的世界突然间出现（穿过）了一个三维的球体，使得举世震惊，他们试图用自己局限于二维世界的认知能力来理解这个球体，整个过程既幽默又发人深省。

为无线电波或激光信号的传输速度始终无法超越光速。

为了能让帝国的皇帝与身处数百光年外的部下进行实时沟通，剧中采用了超级收发器，也称为子空间无线电。无线电发出的信号以某种方式从我们所处的宇宙进入并穿越更高维度的宇宙抵达目的地。最后，它被带回了我们所了解和热爱的宇宙，我们也便可以接收到讯息。

其他一些畅销的科幻小说也在情节发展过程中利用了各种更高维度的旅行方式。在拉里·尼文（Larry Niven）的《已知空间》（*Known Space*）系列中，飞船在进入超空间后，其航行速度便可超越光速，速度从每3天一光年到每75秒一光年不等。

《巴比伦5号》（*The Babylon 5*）则创造了另一种不同的超空间旅行方式，为访问超空间人们设置了一扇超空间的外部大门。一旦进入超空间，则与其他科幻小说的运行模式类似，可以大幅缩短星际航行的距离，使飞船的常规空间推进系统能够以更快的速度推进，从而穿越正常维度下的遥远距离。

瞬间移动：超光速引擎

最好的超光速引擎能在一瞬间将某人或某物从A点运送到数光年外的B点。一瞬间，没有任何的时间延迟。你想去拜访天狼星359吗？点击一下，瞬间到达。这种类型的驱动器在许多科幻小说和科幻剧集中都有出现。

我首次了解到这种类型的太空引擎是通过 20 世纪 60 年代早期出版的德语版《佩利·罗丹》(Perry Rhodan) 系列。在《佩利·罗丹》系列中，作者并没有耗费过多精力来讲述引擎的工作原理，只是说飞船利用神秘的第五维度来操纵时间的流逝，使得航行可实现瞬间移动。许多科幻电影和剧集都采用了这种方法，其中就包括《太空堡垒卡拉狄加》(Battlestar Galactica)。

这种方案确实与科学的关联度不高，从其本质上来讲，这更多是一种美好的遐想。

星际之门：利用虫洞在星际穿越

作为一本像样的星际旅行科普图书，如果没有提到黑洞及其兄弟虫洞，哪能算得上完整？在第 2 章中，我们介绍过爱因斯坦广义相对论中描述并成功预测到的时空弯曲，黑洞只不过是时空弯曲在逻辑上达到极限后引发的现象。在宇宙中的某个时空区域，一个质量巨大的物体使时空发生弯曲，以至于包括光在内的所有事物都无法逃脱，这就是黑洞。

黑洞有着多种形成方式，其中较为常见的一种是恒星坍缩形成。一颗比太阳大许多的巨型恒星耗尽了其体内的核燃料，导致其无法控制构成其自身的原子因引力而持续拉近，最终致使原子聚积密度过大，它们产生的重力使周围的时空发生弯曲，形成了黑洞。黑洞的边界是围绕恒星的外边缘形成的，连光都无法越过这一边界。黑洞的内部区域，也就是造成时空弯曲的质量所在，被称为黑洞的奇点。

黑洞本身的有趣之处还算不上惊世骇俗，但广义相对论方程的数学推演却带来了某些理论上惊人的可能性。有人认为：这种可能性也许会帮星际旅行者从宇宙某处的一个黑洞进入，然后从另一个黑洞或白洞出来，连接两个不同的黑洞或白洞的狭窄隧道被称为"虫洞"（图 8.3）。

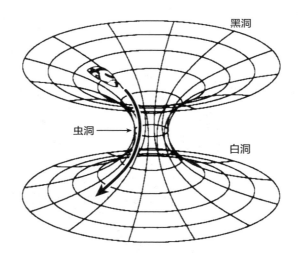

图 8.3　虫洞航行图

这幅充满艺术感的概念图展示了，可穿越虫洞在理论上是多么的简单易行。飞船只需在时空中的某个点进入一个黑洞，然后便可以从时空另一个区域的白洞中驶出，因为时空两地之间由可穿越虫洞连接，并产生了一条隧道。绘图：丹妮尔·麦格里。

白洞的性质恰好与黑洞相反，它们会放射能量，且不允许任何物体进入。白洞和虫洞真的存在吗？如果的确存在，那么就要具备某些特性，它们也必然是由外来物质构成的，例如阿库别瑞曲速引擎所需要用到的负质量。

另一种制造虫洞的理论方法是由爱因斯坦及其合作者内森·罗森（Nathan Rosen）联合提出的，他们发现两个黑洞之间可能跨越时空、相互连接。这些虫洞连接在科幻小说中通常被称为爱因斯坦-罗森桥。

当然，如果它们真的存在，那么在进入黑洞并在爱因斯坦-罗森桥中穿行时，我们恐怕会遭遇一些"小小的麻烦"，那就是我们的星际飞船将会被引力撕得粉碎。

要想找到并进入这样一座爱因斯坦-罗森桥，对飞船的要求极高，飞船本身应已经具备穿越遥远星际空间的能力，这是因为在太阳系附近是没有黑洞的。尽管我们吹毛求疵般地提出诸多问题，但科幻小说的创作者对此的热情依然势不可挡。

在《星际之门》（Stargate）系列电影和电视剧中，一个文明古国创造出一个可穿越的虫洞网络，通过一扇被称为"星际之门"的传送门便可进入。当然，为了确保虫洞网络的正常运行，这个文明古国就必须能够创造、隔离并长期维系人工黑洞。不过，没有人知道如何才能做到这一点。

关于可穿越虫洞，最知名的电影版本大概是根据卡尔·萨根同名小说改编的电影《接触》（*Contact*），以及克里斯托弗·诺兰（Christopher Nolan）的电影《星际穿越》（*Interstellar*）。

如果星际航行的速度远低于光速……

如果物理学的发展没有革命性的进展，且无法带来惊人的技术进步，那么人类便只能以较慢的速度前往其他恒星，也就是说载人星际航行的速度要比光速慢得多。正是基于这点，在科幻小说中出现了对世界舰精彩纷呈的描写。[①]

让我们回顾一下第 7 章关于载人星际飞船的讨论，一艘世界舰可容纳成千上万的居民，每个人都将终其一生，生活在这个近似地球生物圈的世界里，他们可能会像地球上的人类那样去经历爱、失去、哭泣和欢度生日，只不过他们是生活在一个人造建筑体中，漫游在恒星之间，奔赴自己新的家园（图 8.4）。

我个人对世界舰形态的认知最早来自阿瑟·C. 克拉克（Arthur C. Clarke）的《与拉玛相会》（*Rendezvous with Rama*）。在这部科幻巨著中，他描绘了一艘神秘而又巨大（20 千米 × 50 千米）的圆柱形外星飞船沿着一条特定轨迹进入了太阳系，并避免被太阳捕获。

---

① 我怀疑影视剧里对世界舰的描述不多，可能是出于故事节奏的需要。从一个世界快速切换到另一个世界，在屏幕上有限的时间内呈现出遭遇这样或那样的威胁，无论是在电视还是在电影里，都远比一天天缓慢地推进更符合媒体的需求，尽管后者更符合现实的写照。

图 8.4　艺术家笔下的世界舰

　　生活在巨型世界舰上的居民们，终其一生在这个人造的微型"地球"上工作、生活，可能要经过好几个世代，这艘世界舰才会抵达目标星球。

图片来源：The Manic Macrographer。

　　这艘飞船原本是打算直接从太阳系穿过，只不过它的速度还不够快，结果充满探险精神的地球人派出了一艘飞船与之汇合并登船开展探查。人类登船之后发现了一个完全陌生的外星世界，飞船内部看起来在进入太阳系之前是一种惰性的状态，随着不断驶向温暖的太阳，这里开始慢慢展现出活力。

飞船内部是一个巨大而空旷的外星城市，虽然距离第一次读到这本著作至今已过去 40 年时间，但书中的描述却始终令我记忆犹新。那么，人类创造的世界舰又会是什么样子的呢？

罗伯特·海因莱因（Robert Heinlein）在其著作《太空孤儿》（*Orphans of the Sky*）中将几个故事拼接在一起，书中对世界舰的描述堪称科幻小说中最具影响力的代表之一。海因莱因以一艘世界舰为背景，飞船上的人大多已经忘记自己是生活在人造建筑体当中，舰上的文化已经进化（不如说退化）为一种近乎迷信的封建文化。

故事提醒着读者，在撕开技术的面纱之后，当今的人类与迷信盛行、对科学一无所知的所谓黑暗时代的人类并没有本质上的区别。当然，读者不得不忍受一些荒谬可笑的辐射突变和其他科学／工程上的错误猜想，但这并不是作者的错，因为在写作这本书的大部分内容时，我们对太空旅行及辐射对生物体的真正影响还知之甚少。

现代科幻小说中，对世界舰上人类生活状态的描述最好的一部作品是吉恩·沃尔夫（Gene Wolfe）的《长日之书》（*Long Sun*）系列。与《太空孤儿》类似，在主角们生活的世界舰上，人们已经忘记了自己的出身、目标和目的地。在舰船上，神话盛行，沃尔夫不仅出色地创造了另一个世界，还创造出了一种既迷人又哀伤的全新文化。

虽然算不上是世界舰，但出现在系列剧《升天号》（*Ascension*）中的星际飞船既引人入胜又令人信服。第一层故事围绕着一艘小型星际飞船上的船员们展开，这艘飞船看起来更像是一艘宇宙飞船，而不是一艘世界舰，船员人数远不及前文提到的万人以上规模。

这艘飞船于 20 世纪 60 年代冷战高峰期时由地球发射的，其目的地为比邻星。飞船采用了冷战时期"猎户座计划"的推进系统，表面上，这艘飞船是作为一艘诺亚方舟，在冷战持续升温的情况下保护人类物种。

而实际上，这艘飞船及其船员的真实使命则完全是另一回事，我在这里就不剧透了。该剧从现代视角逼真地描绘了 1963 年启动的星际航程可能会是怎样的。我对剧情唯一不满的地方在于，船员中竟然没有人患上幽闭恐惧症。如果我一辈子都要被锁在酒店里，就算这酒店再好，也会让我患上极度的幽闭恐惧症。如果这部剧的主创们能找到一种创造性的方式，表现出船员的幽闭恐惧感，那一定会是锦上添花。

近年来，在讲述星际旅行的大银幕作品中，我必须好好夸赞一番最有趣的作品之一《太空旅客》（*Passengers*）。为了观赏这部讲述星际旅行的电影，我必须跳脱科学家的身份，说服自己是在放松娱乐，而不是在接受教育。如果不无法做到，我恐怕就没办法欣赏任何科幻电影了。

在咨询了一些相关人士后，我明白了其中的原因：即使是那些希望在技术上尽可能写实的导演，也会告诉他们的技术顾问 [1]，真实

---

[1] 我曾担任电影《迷失太空》《索利斯堡》和《欧罗巴报告》的技术顾问。在每一部影片中，当我反对一个难以置信或物理上根本不可能实现的场景时，导演总会耐心听取我的反对意见，然后继续按照他自己的想法来拍摄。这就是技术顾问的生活。

性永远要让路于故事性。我相信，这种情况在《太空旅客》中时有发生，不过关系不大。

这部电影本质上讲述的是一个爱情故事，故事发生在一艘采用了休眠技术的星际飞船上，这艘飞船原计划前往距离地球100多光年的某个恒星系。船上的船员和乘客都处于休眠状态，在这种状态下人不会变老，而且能在航行过程中的大部分时间里保持这种状态。这样在他们醒来时，他们就会感觉自己仿佛是在休眠后的第二天便抵达了目的地。然而，途中出现了一些问题，导致两名乘客过早醒来，在两人携手拯救这艘飞船的过程中，双双坠入爱河。

最后，我要向《异形》（Alien）系列电影致敬。《异形》中所描绘的飞船和船员并不是计划前往新世界定居的移民，他们都供职于一家毫无道德底线的企业，在这家公司贪得无厌地攫取利润的过程中被骗入一个极其危险的境地。

该系列包含了未来星际飞船所有潜在的和现实的元素，包括慢于光速的驱动器，对船上有限物资的监控与配给系统，尤其令人称赞的是高效回收系统的完备程度，以及所有星际飞船都需要的休眠技术。

再加上影片以坚决的现实主义手法拍摄，影片向观众呈现出此类星际旅行中运用的种种机械装备、船员面临的风险，还有飞船仿人操作系统所折射出的各种不可预测的人类因素。当然，还有船员们与恶毒外星人相遇并战斗的震撼画面。

量子真空能量怎样驱动航天器？

实在没有什么领域会比科幻小说更适合探讨具有推测性的科学理论，这些理论听起来像是基于真实科学，具有与真实科学相关的严谨数学逻辑，但实际上，它们只是推测结果而已。其中一些上文已经探讨过了，如阿库别瑞曲速引擎、超空间引擎和跳跃引擎，但还有一些没有涉及，这里仅举两个例子：电磁引擎和那些利用"量子真空能量"的引擎。

大多数星际推进方案，无论多么先进，通常都需要配置船载推进剂能源储存罐，以及适用于该飞船加速方式的推进剂，从而通过推进系统为航天器提供动能。然而，如果能在不使用船载推进剂的情况下为航天器提供驱动力又会怎样？

在思考这个问题的时候，我们必须谨慎行事，因为在进行细节研究的过程中需要关注一些重要的能量／动量守恒定律。许多太空推进方案都与这些众所周知的定律相冲突，相较于我们现实生活中的物理世界，这些方案更接近于哈利·波特的魔法世界。

这并不是说太空引擎或无推进剂引擎的想法不可行。一个常见的例子就是太阳帆，由于不携带任何船载推进剂，太阳帆通常被归类为无推进剂驱动方案，但这并不意味着该方案不发生任何反应。我们都知道光子会撞击太阳帆并发生反射，为了保持动量和能量，这个物理过程所产生的必然结果就是太阳帆必须进行加速。在多数情况下，太阳帆利用的是由太阳提供的光子质量的原位反应。

有没有什么其他方法能在不需要反应质量的前提下为航天器提供驱动力呢？以飞机为例，它是利用螺旋桨与空气介质发生相互作用，从而形成推力，驱动飞机向前飞行。而飞机上也并未配备压缩空气罐，用于从飞机尾部喷射气体形成推力。当然，飞机上也有推进剂存储罐，但所储备的能源是用来驱动螺旋桨的。这个案例中的反应质量，当然是飞机周围的空气。是否还存在与时空结构相互作用来驱动星际飞船的方法呢？有些人的确是这样认为的。

电磁驱动引擎便是一种无反应驱动引擎，据称其工作原理是通过一条微波束，在引擎内部进行多次往返的不对称反射，借此生成净推力。这里的关键在于不对称反射，其含义可以简单地理解为一个反射器的形状与另一个不同。

而所谓的技术突破体现为这种引擎可在无须耗费推进剂或外部推力的条件下产生净推力。换言之，这种太空引擎一旦启动并投入运行，便可持续加速到星际旅行所需的速度，而不需要像其他已知的太空引擎那样耗费大量的电力和推进剂。

这听起来有些难以置信，其主要原因在于该方案违背了动量守恒定律，是牛顿定律的推论之一，该定律指出：在一个系统内动量保持不变，动量既不能被生成也不能被消灭，而只会因为力的作用而发生改变。

火箭的工作原理便是基于动量守恒定律，这一定律已经在自然界中被人类持续观察了数百年之久，从未出现过任何能够证明其存在谬误的已知案例。

世界各地的许多实验室已经在多种不同的控制条件下制造并测试了各种电磁驱动引擎，其中最严格的测试结果表明：该方案无法达到驱动效果。

另一种经常登上媒体封面的热门动力与推进方案与"量子真空能量的利用"密切相关。这个名字听起来既专业又神秘，主要是因为量子力学或者"量子能"听起来就很神奇，而且当人们提到"真空"时总会引发一种遥远而孤寂的联想。物理学家的确说过，在物理尺寸和时间尺度上达到极小的极限时，"空"的空间并非真空状态。

从理论上讲，时空内是一片虚拟粒子的海洋，这些粒子快速地出现然后马上消失，整片海洋达到了一种"虚无"状态。因此，时空形成了一个看似为"空"的真空态。真空能量也的确真实存在，卡西米尔效应如今已被实验证实，我们便可据此证明真空中的能量也确实是真实存在的。

在上述章节中，我们讨论过"真空不空"的问题。在星际空间中，平均每立方厘米存在一个原子，同时还存在着从各个方向照射进来的星光、弱磁场，以及岩石或尘埃的碎屑。除此之外，我们还需要考虑真空本身的问题，在这些往来的物质之间是否会有什么东西构成了空间本身呢？

回顾一下我们对量子力学与弦理论的探讨，"真空"似乎是由无数波长和振幅相互抵消的电磁波组成的，任何单一波长的波达到振幅峰值的同时便会被另一个相同波长但相位相反的波相抵消（图8.5）。当这两种波叠加在一起时，产生的波振幅为零，而我们很难用常规方法检测出来。而这便是卡西米尔效应的由来。

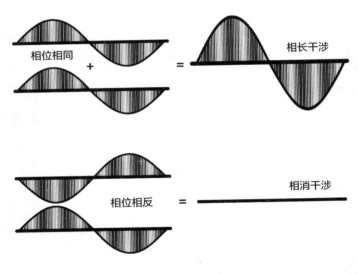

图 8.5　波干涉

如果两段完全相同的波相遇，当二者波峰保持同相时，振幅（高度）叠加在一起，便可形成一段更高、更强的能量波。如果相同的两段波相位相反，那么两者的振幅叠加在一起时，便会相互抵消，结果看起来就像是波不存在一样。如果时空中包含接近无限量的电磁波，皆快速出现又消失，那么其平均振幅应该会出现均值为零的现象。绘图：丹妮尔·麦格里。

优秀的物理实验往往都源于这样一个问题："如果这样做会怎么样？"物理学家亨德里克·卡西米尔（Hendrik Casimir）也提出过这样的问题："在真空条件下，如果把精心调整过的镜子面对面放在一起，彼此距离非常非常靠近，但同时又确保彼此不会发生接触，会发生什么？"其结果是：在两面镜子之间微小的空间内，仅存在着同步出现并马上消失的短波量子波。

波长较长的波都被排除在外，因为两面镜子之间的间距实在太小，无法容纳此类波长。通过将部分长波排除在外，两面镜子外部真空中含有的能量会高于镜子之间的真空，这是因为外部真空允许波长较长的波显现又消失。这种能量差会形成一种外部压力，将两面镜子推到一起。当卡西米尔在 1948 年提出这个问题时，科学家既无法制造出足够小的镜子，也无法制造出足够灵敏的科学仪器，来测量导致这种效应的作用力。

1996 年，洛斯阿拉莫斯国家实验室（Los Alamos National Laboratory）的科学家成功测量出了这种作用力，证实了卡西米尔效应的存在。在实现测量之后，还存在另一个问题。根据该理论，所有可能的波长在时空的真空态中也会同时出现又消失。这应该是个好消息，因为这意味着我们周围存在着无限的能量，等待着我们去挖掘利用。

遗憾的是，我们也知道这是不可能的。如果这种能量真的无穷无尽的，那么根据相对论，时空应该也是无限弯曲的，但事实并非如此。显然，我们对真空能的理解是不完备的。事实上，根据对时空性质的观察，真空中的总能量似乎微乎其微，也许它已经小到根本不足以成为星际旅行的一种可靠能源。即使真空能能量再强，目前也没有已知的方法可以轻松利用这种能量。

凡是想在太空推进问题上找到快捷简便方法的人，都应该想起一句俗语：TANSTAAFL。在科幻界，这个词读起来朗朗上口，看起来像是东拼西凑的首字母缩略语，其真正含义为：天下没有免费的午餐，主要用来描述那些美好得令人难以置信的情况，它几乎适用于生活的方方面面，其中也包括空间物理学和工程学。

1966 年，海因莱因的经典小说《严厉的月亮》(*The Moon is a Harsh Mistress*) 出版，TANSTAAFL 这个词也随之流行起来。电磁驱动引擎和真空量子能的利用都适合用这个缩略语来形容。

低温休眠技术：应对星际长途旅行的不二选择

在科幻小说中的世界舰上，最受喜爱的科幻内容之一便是低温休眠技术，这种科幻内容听起来很有道理，但至今为止仍不过是一种大胆的猜想而已[①]。

这些科幻小说中的故事情节往往是这样的：星际殖民者踏上

---

① 低温休眠的出现实际上远远早于现代科幻小说，想想睡美人的故事，公主沉睡百年，一直等待白马王子的唤醒。

旅程，除了历经数十年乃至数百年的航行，他们别无选择。

这些殖民者被放入超低温的冰棺中，使得他们的身体机能得以停下来，不再继续衰老[①]，直到几个世纪后，飞船抵达目的地时他们才会被唤醒。除了年富力强的男性角色会在胡须上体现出少许的变化外，几乎看不到任何时间流逝的痕迹。

休眠技术在斯坦利·库布里克（Stanley Kubrick）的电影《2001太空漫游》（*2001: A Space Odyssey*）中非常出名。在这部电影中，注定要被牺牲掉的"发现号"船员们踏上了前往木星的旅程，却在抵达目的地之前被邪恶而神秘的人工智能哈儿（HAL）杀死。

在《异形》系列中也采用了类似的休眠情节，女星西格妮·韦弗（Sigourney Weaver）虽然在片中休眠了至少数十年的时间，但在被唤醒之后，依然足以激发青春期男性观众的热情。

近年影视作品中的应用典范包括了诺兰的《星际穿越》和莫滕·泰杜姆（Morten Tyldum）的《太空旅客》，休眠技术为影片提供了丰富的故事讲述空间，既可以是一部宏大的、拓展思维的科幻大片，也可以作为星际方舟，为爱情故事提供一个浪漫的背景。

名单还远不止于此，我们不可能将展现了这项便捷医疗技术的图书和电影全部列出来。不过，低温休眠技术究竟是完全虚构的，还是有科学依据的呢？

[①] 科幻小说和电影中描述的休眠舱并非只有超低温一种形式；其中有一些加入了神秘的化学物质，用来减缓或阻止衰老的进程，还有一些甚至都懒得解释其工作原理。

答案是：这项技术是两种元素的结合。许多动物都会进行冬眠，长时间处于一种休眠状态，从而显著放缓身体的代谢速度，使得这些动物能够在睡觉的时候依靠体内存储的营养物质活下来，冬眠有时会持续整整一个季节。大家熟知的会冬眠的哺乳动物包括：松鼠、土拨鼠等啮齿类动物，当然还有熊。

虽然从物资损耗角度考虑，在星际旅行中进行短时休眠可能具有一定的意义，因为休眠中的人不会消耗那么多的空气、水或食物。可惜的是，这种方法并不能阻止衰老的过程。熊在冬眠的过程中仍然会变老，除非科学家找到一种阻止衰老进程的方法，否则人类即使处于休眠状态，也会不断变老。

虽然人类无法自然进入冬眠状态，但根据意外和主动引发低温症时获取的研究数据表明，至少在短期内，人类休眠是可行的。已有充分的证据表明，一些人长时间浸泡在冷水中，其大脑或任何其他器官都不会受到损伤，也有医生会强行利用类似的机制来挽救某些心脏病或中风患者。NASA 和其他太空机构正在研究令前往火星的宇航员进入休眠状态的可能性，以缓解宇航员在近一年的航程中保持清醒所带来的种种问题。

在前往另一颗恒星的遥远旅途中进行休眠似乎并不是一个现实的选择。如果能够同时延缓或阻止衰老进程又会怎样呢？减缓衰老似乎并不像看起来那样遥不可及，而完全阻止衰老则是不太可能的。

密歇根大学格伦衰老研究中心的研究人员引用通过专家评审且

已正式发表的医学研究论文，详细地介绍了某些已被证实有效的药物治疗是如何将老鼠的平均寿命延长 15%～20%，甚至是更长时间。还有一些研究表明，通过大幅减少热量摄入，老鼠的寿命可以延长 40% 之多。

所以，如果勇敢的探险家们愿意注射临床证明有效的药物，然后以近乎饥饿的状态进入休眠状态，也许他们真的能睡上几年，且在醒来之后不会失去休眠期内的活力。他们仍然会变老，但不会受到衰老引发的副作用影响。

为了使这一方案在星际旅行中具有可行性，医学必须达成将寿命的延长期从增长 40% 提升到增长 140% 的巨大突破，甚至更多，因为星际长途旅行的确需要如此漫长的时间。

人类要改造外星球才能在上面生活吗？

对于抵达星际旅行目的地之后的生活状态会是什么样子的，科幻小说往往为我们描绘出一幅浪漫而美好的画面。毕竟，在拯救联邦的冒险中，柯克船长、斯波克先生和麦科伊博士总会拜访一个又一个类地行星，观众每周都会跟着兴奋不已。

20 年后，皮卡德船长和特洛伊大使继续保持着这一传统，为观众呈现了更多精彩纷呈的冒险。他们偶尔会遇到条件并不适合人类生存的行星，但这种情况是罕见的。

在《太空堡垒卡拉狄加》中共有 12 个人类殖民地，它们的条件都与地球相似，人类遍布各地，在这些难得和平共处的世界中繁衍生息。《星球大战》中，克罗斯、达戈巴和卢克舰长的家乡塔图因也基本处于相同的境况。

在小说中，这种人类的宜居世界也十分普遍，包括艾萨克·阿西莫夫（Isaac Asimov）在他的系列小说《基地》（*Foundation*）中所描绘的银河帝国，人类在数百万颗星球上定居，其中包括帝国首都特兰托。

大卫·韦伯（David Weber）在太空歌剧系列中描绘了许多人类和平共处的世界，最著名的当数曼提科与避难所。在真实世界或星系中，这样的世界是不可能存在的。

根据我们目前对天文学和行星学的研究成果，地球上的环境是一系列历史事件的产物，是跨越数十亿年的积淀，在宇宙中的其他地方被复制出来的可能性极低。这并不是说宇宙中就没有其他适合生命存在的行星，只是可能没有现成的、适合地球生命的行星。

如果历史中的某个重大事件不曾发生，或者发生时略有差异，抑或在其他时间发生，那么如今的地球将会截然不同。

如果地球轨道距离太阳再近一些，那么我们的生活环境可能就会更像金星；如果再远一些，则会更像火星；

如果没有强大的磁场和能够过滤紫外线的臭氧层，那么地球表面将会遭受持续性辐射，我们已知的所有生命可能根本不会存在；

如果地球上没有那么多水，那么可能就没有足够多具有光合作用的植物、藻类和细菌来产生我们生存所需的氧气……这样的例子不胜枚举。

当我们航行到其他恒星系时，可能会发现它们的宜居区域都有行星，但当我们抵达行星上时，可能才会发现那里根本不适合人类或地球生命居住。几乎可以肯定的是，没有任何地球生命能够直接走出宇宙飞船，呼吸那里的空气，并在当地扎根开始茁壮成长。

相反，这些行星上大多充斥着毒气，无法呼吸，又或者根本没有空气，土壤中也没有滋养陆生植物所需的营养物质等。换句话说，人类移民将不得不把自己的余生禁锢在各种人造建筑物之中，除非他们能够改造或适应那颗行星上的环境。

要想把另一颗行星改造成为近似地球的样貌，将会是一个长达几个世纪的过程，而且其结果具有不确定性。关于该课题的严肃学术论文已经陆续发表，其中包括：主动改变行星（或卫星）的大气成分与温度，并最终改变其生态，既可以对现有环境进行改造，也可以零基础重新开始打造。尽管这不是什么新理念，但这种改造过程却被赋予了一个专属名词——"地球化改造"。

这个词现在已经被推广普及，它首次出现杰克·威廉姆森（Jack

Williamson）于 1942 年发表的科幻小说《碰撞轨道》（*Collision Orbit*）里。

从那之后，"地球化改造"陆续出现在许多科幻故事中，只不过可信程度各有不同，比如在海因莱因的《天上的农夫》（*Farmer in the Sky*）、阿瑟·C. 克拉克的《火星之沙》（*The Sands of Mars*）和金·斯坦利·罗宾逊（Kim Stanley Robinson）的《火星三部曲》均有运用，但在影视剧中却出现得不多。

除了《星际迷航》和《神秘博士》中的个别剧集，以及《降临》（*Arrival*）这种小制作电影外，改变整个行星的生物圈这类愿景宏大的主题多半留给了小说。那么，地球化改造真的有可能实现吗？

埃隆·马斯克（Elon Musk）似乎十分认同这种可能性。这位 SpaceX 公司的创始人曾经公开谈及一个创想计划，该计划希望能在主要由二氧化碳和水构成的火星两极冰川上方引爆数千枚核弹，以便使冰川蒸发并释放到大气中。这种高海拔地区引发的爆炸有可能会限制辐射的释放量，从而有望将火星大气改造成接近地球大气的程度。

还有一些不采用核弹的思路，重点着眼于已被证明的地球化改造方法，比如我们正在地球上进行的进展并不顺利的一项"实验"：二氧化碳已被近乎失控地释放到大气中，从而引发气候变化。是的，我们正在对自己的星球进行失控式的地球化改造。

发表在《自然天文学》（*Nature Astronomy*）期刊上的一个有趣

思路是利用类似于为航天器保暖的气凝胶来保持火星表面部分地区的热量，并将被困在其中的挥发物释放出来。二氧化硅气凝胶在可见光下呈透明状，允许来自太阳光的能量穿过，而在红外线下则为不透明状态，能够捕获可见光被气凝胶之下的冻土吸收时产生的热能，使被冻结在其中的气体加热并蒸发。

有创意的人提出的思路也是有创意的。真的是这样的吗？一般来说，的确如此。但这取决于被捕获和释放的二氧化碳数量，而且论文中还存在一些相互矛盾的数据。我们要认识到，改造另一个星球所需付出的努力及其工作量，与发射航天器直接抵达目的地开展探测近似。行星体积巨大，且具有复杂的大气物理性质，在确定从当前状态到理想目标所需的改造步骤时，每个行星面临的问题都是独一无二的。

如果说改造整个世界令人望而生畏，那么初期的星际移民也许可以先在规模小得多的卫星上打造一个宜居的世界。别忘了，人类并非利用地球的全部面积来容纳迅速增长的数十亿人口。地球表面的水域面积约占总面积的 70%，仅留下大约 1.5 亿平方千米的陆地，而其中又有三分之一被归为沙漠。

相比之下，月球表面的水域面积没有那么大，其总面积约为 3 800 万平方千米，足以为上万名乘组人员提供一个新家园。当然，这种方案也存在一些问题，其中最主要的是，大多数卫星上的重力远低于地球或火星上的重力，这就导致其无法保持致密的大气层。无论人类打造出怎样的大气层，一旦大气层的打造完成，里面的气体不久后便会逐渐泄漏到太空之中。

对此，工程师肯·罗伊（Ken Roy）提出了"球壳世界"的概念，球壳世界是一个被包裹在由石墨烯或芳纶和钢等简单材料制成的保护壳中的小卫星。在壳层内，人们能够创造并维持一个类似地球的大气层和生物圈。

罗伊的计算表明，一个火星大小的球壳世界只需要地球大气质量的 7% 左右便可抵挡紫外线和太阳辐射，而且打造这种大气层所需的原材料和时间也要少得多。这项任务在工程学上仍是一个巨大挑战，但相对而言，已经是一个可控性提升了许多的挑战。

如果将行星改造为适合人类居住的环境难度太大或者完全不可能，那么反其道而行又会如何？我们能否改造人类，让自己在星际旅行结束时，无论面对怎样的环境都能够生存下来呢？回答依然是"也许可能"。随着人类基因组计划的成功，我们现在更加了解自身细胞的编程，找到了将我们塑造成"人类"而非"猫"或"狗"的代码。

对于哪些基因会导致乳腺癌、1 型糖尿病等疾病，人类也有了更加深刻的认知。例如，遗传性乳腺癌的常见原因是 BRCA1 或 BRCA2 的基因突变。通常情况下，这些基因会帮助制造可修复受损 DNA 的蛋白质，但已知的突变基因也有可能会导致异常的细胞生长和癌症。

这种关联已经被大众广泛了解，以至于许多带有这种特殊异常遗传基因的女性选择先发制人接受手术，而不是束手忍受癌症风险的持续提升。科学家正在努力研究特定基因与癌症等疾病间的联系，同时也在积极寻找修复突变或在萌发阶段阻断突变发生的方法。

自从农业文明诞生以来，人类就一直在通过作物选择和杂交来修改植物的基因组，因而产生了许多高产食物品种，并使其成为我们的主食，如玉米、小麦、大豆和香蕉。在基因测序成为可能之后，人类主动对农作物进行基因编辑只是时间问题，转基因作物便是这方面的首批成果之一。

苏云金芽孢杆菌（Bt）是一种能产生针对某些昆虫的致命毒素的细菌。将 Bt 基因移植到玉米的基因中，可使玉米在被端上餐桌或成为动物饲料之前免遭昆虫的蚕食。无论人们喜不喜欢，美国消费的大部分玉米都是 Bt 玉米。

与大多数技术一样，不断对其进行改进，效率更高的技术处理方法就会陆续出现，比如 CRISPR[①] 技术，这种技术极大地简化了过去烦琐而耗时的基因编辑过程。得益于 CRISPR，基因编辑研究开始在全球各地大大小小的研究实验室中蓬勃兴起（图 8.6）。

不可避免的是，基因编辑技术逐渐开始被运用到人类身上，这项技术不仅可以改变活人的现有基因，还可以在一个人出生前就改变其基因，使被改变的基因有可能成为这个人基因组的永久构成，这也使得被设计修改的基因特征能够以正常的生殖方式传递给后代。

---

① CRISPR 代表"簇状规则间隔的短回文重复序列"。

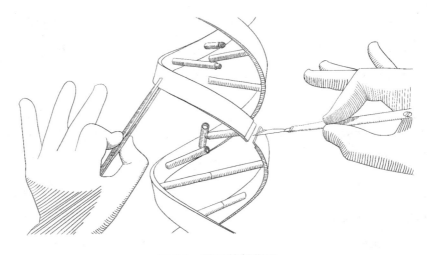

图 8.6　基因编辑图示

科学家已经开发出越来越精确的方法来编辑基因。当然，DNA 的
切割和拼接不是手工完成的，而是通过分子技术完成的。

2018 年，一位中国科学家宣布他采用这种方式改造了人类胚胎，
科学界无比震惊。随之而来的伦理和道德风暴使这位科学家失去了
工作，并很可能就此摧毁了他的职业生涯。

在我看来，出现这种结果也是合理的。毕竟这项技术领域仍处
于极早期的阶段，这种技术的长期影响还很难准确把握。由于其造
成伤害的可能性过大，这项新技术目前还不适合从实验室阶段直接
跳跃至临床阶段。也就是说，如果能够找到一种万无一失的方法，
可以消除后代中许多严重的、危及生命的出生缺陷，这项技术或许
在未来可以成为一项合法且可行的解决方案。

此外，当未来的人类移民抵达了一个可居住、但仍与地球有所区别的全新世界时，这项技术可能已经通过临床试验并投入使用。通过修改自身基因，人类的后代很可能能够适应新的生活环境。大气中的氧含量过低？可以通过修改基因组进行弥补。重力太小导致过早发生骨质疏松？也可以通过基因编辑来调整骨骼所需的压力，以维持钙的摄取和良好的骨骼密度。这样的例子还有很多。

许多科幻小说也对这种技术思路进行了探讨，例如：洛伊斯·麦克马斯特·比约德（Lois McMaster Bujold）的《自由落体》（*Falling Free*），大卫·布林（David Brin）的《星潮崛起》（*Startide Rising*）和奥克塔维娅·E. 巴特勒（Octavia E. Butler）的《黎明》（*Dawn*）。

科幻小说也为我们提供了一些值得认真研究的警示。《千钧一发》（*Gattaca*）是我看过的最深刻但也最令人沮丧的电影之一。在小说中构想的那个近乎真实的未来里，富人为自己的孩子进行基因改造，使其在外貌、运动能力、智力和视力等各方面都近乎完美，从而在一个反乌托邦的未来世界中践行了玛格丽特·桑格（Margaret Sanger）及其他优生学家的种种设想。故事主要讲述了一个未经基因改造的人，为了实现自己的梦想终其一生所必须付出的全部努力。这是一个我绝对不想生活在其中的未来。

如同枪炮和原子弹等诸多技术一样，采用基因工程引发的伦理问题必须得到社会和个人的谨慎对待。创造出《千钧一发》中描述的那种未来是一种思路，利用这项技术来消除 1 型糖尿病是另一种思路，而借助基因编辑技术，使得一船地球人能够适应另一个世界的生活也许是另一种可接受的应用范例。

费米悖论：为何我们的宇宙如此孤寂？

接下来还有外星生命的问题。在科幻小说里，宇宙中不仅充满了原始生物、微生物等初级生命，还存在着与我们类似的具有智慧、会使用工具的生物。科幻图书和短篇小说中对这种外星生命的描写与影视剧与电影中的描绘大不相同。

在绿幕拍摄技术和计算机增强技术取得突破性进展之前，想要在银幕上创造出真正的外星人实际上是不可能的。这也是大多数电视剧集中，外星人均为人形的原因所在。

《星球大战》中的外星人大多是来自其他星球的人类，偶尔也会出现两足动物，但它们看起来仍像是穿着滑稽服装的人类。这并非巧合，而是因为在当时的电影特效和服装预算限制之下，他们只能塑造出如此这般的外星生命。

在《星际迷航》的世界中，编剧们编写了一部银河系的历史，以便于解释这个现实问题，即为何大多数遇到的外星人看起来都像是人类。在现代科技的加持下，一些严肃的科幻电影在描绘真正的外星生命方面表现出色。

在 2016 年上映的《降临》中，外星人来到地球，他们在外表、行为和交流方式上与人类全然不同。主人公露易丝·班克斯（Louise Banks）最终解开了与他们交流的秘密，发现外星人的语言重塑了使用者的大脑及其工作方式，以此前从未想象过，甚至是难以想象的方式改变着感知世界和现实世界。

《降临》改编自姜峯楠（Ted Chiang）的短篇小说，电影中人类与外星人的第一次接触可能是诸多电影中最真实的描述之一；这种真实性并非源自对外星人具体特征的描述，而是源自电影唤起的"与众不同"之感。

在科幻文学的世界里，创意空间要大得多，因为读者可在大脑中形成各种视觉效果，而无须受制于电影特效的水平。在默里·莱茵斯特（Murray Leinster）1946 年发表的小说《第一次接触》（*First Contact*）中，一艘来自地球的星际飞船遭遇了一艘外星飞船，两者的技术能力旗鼓相当，从而迫使两艘飞船在一个充斥着潜在敌意的宇宙时空中，努力寻找一种和平的互动方式。

在玛丽·多莉亚·罗素（Mary Doria Russell）的《麻雀》（*The Sparrow*）中，主人公与一种高度近似人类的外星物种实现了第一次接触，为跌宕起伏的故事情节提供了独特素材。该故事的主人公为一名男子，他作为第一次接触小组的成员，在离开地球时身心都已经受到了严重的伤害。

罗素精心打造了一部使人惴惴不安，同时又发人深省的小说，令人爱不释手。然而，如果你想要寻找与外星人相遇时，对飞船和技术的真实描写，恐怕会大失所望。《麻雀》的着力点在于人而非技术。

1974 年，拉里·尼文与杰里·波奈尔（Jerry Pournelle）合著了《上帝眼中的微尘》（*The Mote in God's Eye*），书中描述的第一次接触采用了更加可信的技术。接触双方起初看起来能够和平共处，但最终变得充满敌意，随着故事情节的发展，其中的原因也逐渐明朗起来：来自外星的"微尘人"实际上是在执行一项征服任务。

在文学作品中，人类与外星人的相遇通常都带有敌意，其中的原因可能有两个。首先，在人类的历史中，不同种族文化之间的第一次接触往往都以冲突告终。其次，故事中的冲突往往会令作品读起来更具趣味性。

如果宇宙中存在一颗人类宜居，或者接近人类宜居环境的星球，那么就可能存在非地球生命[①]。令人难以置信的是，尽管我们至今还未遇到过任何外星生命，但针对外星生命的研究，已经形成了一个完整的学术研究领域，该领域被称为天体生物学。

别以为没有可供研究的标本，天体生物学家便无事可做，事实远非如此。他们现在参与了许多太空任务的规划工作，涉及整个系外行星领域，但目前的重点是前往火星的探测任务。了解生命能够发展和繁荣的环境是了解外星生命的关键，此外，这也将有助于分

---

① 很难想象在一个宜居的星球里会没有生命的存在。地球的宜居环境主要源于过去几十亿年来地球生命形成的累积效应。也就是说，未来的星际探测者们很有可能会发现一个拥有海洋和陆地，却完全没有生命的行星。但几乎可以肯定的是，这样的环境一定不适合地球上的生命。

析判断哪些系外行星更值得深入研究。

关于地外生命的讨论总会导向这样一个问题："外太空"是否存在其他的智慧生物，以及我们是否会与他们相遇。我们的银河系拥有 4 000 多亿颗恒星，行星的数量更是数不胜数，天文学家似乎每周都会在某个恒星的宜居带发现一颗新的行星。

而且宇宙大约已有 130 亿年的历史，因而银河系似乎不太可能没有其他可以成为家园的星球。别忘了，我们所处的银河系只是构成已知宇宙的数十亿个星系之一，这就进一步提升了系外生命存在的可能性。

每当仰望星空，我们难免会好奇，那里是否也有生命孤寂地存在着。然而，尽管尽了最大努力，我们还是没有看到任何迹象表明，在地球之外存在着智慧或非智慧的生命。打着寻找地外智慧生物（SETI）的幌子，许多射电望远镜已经对着天空扫描了半个多世纪，试图寻找外星人的无线电传输信号，但至今仍未收到任何确切的结果。

虽然目前还没有改变搜寻方法，但 SETI 研究所的名誉主席吉尔·塔特（Jill Tarter）博士认为，SETI 的寻找的是针对智慧生物的存在而出现的技术特征，而非智慧生物本身。毕竟宇宙中有可能存在智慧生物，但如果他们不曾发展科技，我们可能会永远无法发现他们。

为什么我们至今仍未取得任何发现？主要是因为人类的科技文明至今也只有几百年历史。如果愿意的话，我们可以建造一个无线电信标来向宇宙宣示人类的存在，这个信号能够传输至几十到几百光年的地方。基于当前科学技术的进步速度，且假设我们继续以同样的速度发展，那么我们很可能在 200 年内实现太阳系内的探测和移居计划，并在此后不久迈出驶向其他星系的第一步。

保守地说，假设打造星际飞船的技术难度远超预期，以至于我们要在公元 3000 年才能发射人类的首艘载人星际飞船开展航行。然后，继续秉持这种保守态度，我们再假设每艘飞船大约需要 500 年才能抵达目的地。这就意味着，我们将在公元 10000 年，也就是 8 000 年后，实现在邻近星系的定居计划。从人类的角度来看，这是一段很漫长的时间，但从宇宙的角度来看，只是弹指一瞬间。

宇宙已有 130 多亿年的历史，太阳与地球也已经存在了 40 多亿年。从现代历法开始算起，人类向周边恒星系扩张所需耗费的 1 万年漫长岁月，在银河系的历史长河中不过是一眨眼的工夫。

如果在众多恒星中存在着会使用工具且充满好奇心的智慧生物，而且他们的技术进步速度与人类相似，那么我们不仅应该能收听到他们的信号，而且还应该能在地球上或银河系中几乎每一颗恒星上或恒星周围见到他们。然而，我们什么也没看到。

这看似合乎逻辑实际充满矛盾的情况被称作费米悖论（Fermi paradox），以意大利著名物理学家恩里科·费米（Enrico Fermi）的名字命名，他被誉为世界首个核反应堆的发明人，此外还为物理学做出了诸多贡献。

关于费米悖论的书一本接着一本，讲述的理论一套又一套，写作者全都试图去解释为何当我们眺望看似孤寂的宇宙时，只能听到惊人的寂静。对于这项工作，我们应将其视作科学中尚未解决的重大问题之一，且这个问题将对未来的星际探险者产生深远影响。

谈及此处，一些读者可能会问："飞碟又是怎么回事？"科学家对此秉持怀疑的态度。当科学家采用正确的研究方法时，某项理论的起源、特征和目标在完全明确之前，他们可以运用各种可想象的方式对相关的证据进行质疑、验证和剖析。

天空中出现的神秘光芒，或者被镜头甚至雷达捕捉到的行为怪异的飞行器，都不足以证明外星人的到访。与此相关的解释可能很多都与来自其他星球的外星人无关。

在研究飞碟时，我们先把费米悖论放在一边，也许我们可以通过一个简单的概率思维实验获得启示。换句话说，这件事发生的概率到底有多大？

假如我们对地球上生物起源的主流理解是正确的，人类经过数十亿年的进化，历经优胜劣汰的拉锯战，躲过了历史长河中的多次大规模物种灭绝和意外事件，比如约 6 500 万年前，一颗小行星的到来就导致了恐龙的灭绝，而人类这个拥有智慧和情感的物种则学会了如何驾驭工具。这个过程大概耗费了 35 亿年到 40 亿年的时间，其间人类只存在了大约 10 万年。

但在随后的短短 500 多年时间里，人类便建立起了属于自己的文明，明确了自己在宇宙中的位置，并开展了天文学研究，学会借助工具来制造飞行设备，环绕自己的星球航行。在 40 亿年的悠长岁月里，人类有能力在太空中航行的时间还不足 100 年。

现在，让我们假设在构成银河系的数十亿颗恒星中，存在着某种其他的非人类物种，他们正在某颗恒星的一颗宜居行星上实现着与人类类似的进化过程，并且他们找到了一种穿越恒星间遥远距离的方法，能够抵达地球。

本书至此已接近结尾，作为读者的你应该清楚这项挑战究竟是多么困难。这些外星生物所采用的技术仍在人类可识别的范围内，在大多数的飞碟目击事件中，所谓的飞碟看起来就像是我们在不久后能够制造出来的飞行器那样。就在我们已开始探索太空航行的这一百年之内，他们抵达地球的可能性会有多大？恰恰就在地球 40 亿年发展历程中的这短短一百年吗？

据估计，恐龙统治地球的时间超过 6 500 万年。如果外星人真的存在的话，他们乘坐飞碟在恐龙时代造访地球的可能性不是更大吗？对这些技术仅比我们领先一千年的外星人而言，如今抵达地球的可能性微乎其微，实际上甚至可以忽略不计。

在有人拿出确凿的证据，足以证明飞碟是来自另一个星球的外星人之前，最好还是把此类目击事件当作趣闻，而非外星人到访地球的证据。关于外星生命造访地球的可能性问题，更多深入的讨论请参阅我在网上发布的文章《外星人不在你我身边》（*The Aliens Are Not among Us*）。

《星际迷航》点燃星际旅行梦想家的探索激情

虽然科幻小说对于人类探索太空的进展和可能实现星际旅行的时间框架做出的种种预测是不切实际的，但它们对于星际航行的发展依然是有益的，我甚至敢说是不可或缺的，正是科幻小说帮助我们在当前太空探索能力下取得了今天的进展。

在《从地球到月球》（*De la Terre à la Lune*）一书中，儒勒·凡尔纳（Jules Verne）描述了一个三人团队乘坐从佛罗里达州发射的弹道导弹去月球探险的故事。在返航过程中，他们采用降落伞进行减速，最后安全地降落在大海上。这听起来是不是有点熟悉？同样是从佛罗里达州发射了一枚火箭，阿波罗 11 号将三名宇航员送上了月球，然后他们乘坐太空舱返回地球，借助降落伞减速后安全地降落在大海之上。

在阿波罗计划之前的许多科幻小说详尽地呈现出真正的太空旅行会是怎样的，但其中大多数都未能在现实中落实。不过没关系，优秀的科幻小说不必做到 100% 准确。对科幻小说而言，最重要的是引人入胜、发人深省的故事，同时还具有一些娱乐性质。

自从阿波罗计划之后，涌现出许多符合技术逻辑的优秀科幻小说，创作者重点描绘了太空探索的下一个巨大飞跃，即人类探索火星。其中最出色的作品包括：本·波瓦（Ben Bova）的《火星》（*Mars*），金·斯坦利·罗宾逊的《红火星》（*Red Mars*），以及安迪·威尔（Andy

Weir）的《火星救援》（*The Martian*）。[①] 还有许多尝试呈现真实星际探索的小说、电影和电视剧已经在上文中做过介绍。

除了娱乐功能外，科幻小说还以另外两种有效方式为未来的太空探索做出了贡献：一是为未来的太空时代奠定了文化基础，二是激发了下一代科学家和工程师的兴趣与热情。

毫无疑问，20 世纪早期的科幻小说点燃了一批梦想家的激情，例如德国的火箭科学家沃纳·冯·布劳恩（Wernher von Braun），他不仅在二战期间创造出令世界闻风丧胆的 V-2 火箭，还发明了令世人惊叹和鼓舞的土星 5 号运载火箭，将宇航员送上了月球。

如今这一代从事太空探索的资深科学家和工程师会毫不掩饰地承认，是科幻小说和早期太空计划的成功点燃了自己的激情与梦想，我也是其中之一。阿姆斯特朗实现月球行走时，我才 7 岁；11 岁时，我开始阅读罗伯特·海因莱因、阿瑟·C.克拉克和艾萨克·阿西莫夫的著作；13 岁时，我下定决心学习物理，希望日后能为 NASA 工作。拥有类似经历的可远不止我一个。

2010 年前后，华盛顿特区的 NASA 领导层希望深入了解，基层的员工选择进入科学和工程学领域，并为 NASA 工作的原因。他们委托了一家私人咨询公司，挑选了一些与 NASA 合作过的创新者进行采访。这些受访者被要求填写一系列人格量表，以求找出激发这

---

① 推荐读者朋友也读读我的小说《救援模式》（*Rescue Mode*），这是我和已故的本·波瓦合著的一本关于火星探索的书。

些人创造力，并为国家太空计划做出贡献的原动力。

这个项目共计在全美数千名从业者中挑选了约 30 人，我也有幸成为少数入选该项目的参与者。在完成了各种访谈、问卷调查和背景调查后，我们受邀前往位于华盛顿的 NASA 总部，参加一个为期两天的研讨会，共同审议调研结果并探讨如何激励和鼓舞更多人投入太空行业。

在为期两天的研讨会中，咨询团队做了一次宣讲，介绍了我们这个被调研的小团体的相关统计数据，其内容包括：年龄、种族、教育水平、祖籍信息等常见信息。有趣的是，他们还展示了一张云图[①]，上面都是一些我们用来描述自己受到了何种激励去学习科学的词语，这些词语引起了调研团队的注意。

不出所料，发现、探索、科学和阿波罗等词语都榜上有名。但中间仍留有一个很大的空白区域，占据了大约 30% 的页面面积。主持人这样做是为了制造悬念，他告诉我们几乎每个人都提到这个词，它是我们决定学习科学和工程学，然后为 NASA 工作的重要激励因素。这个词语被提及的次数比其他任何词语都要多。那么，这个词语究竟是什么呢？

星际迷航。

现场与会者的年龄跨度长达数十年，宣讲者告知我们，《星际

① 云图是用来展示数据使用频率的图表，本例中展示的是词语，其字体大小与特定词语的使用频率成正比。一个词用得越多，显示的字体就越大。

迷航》的激励作用以不同的形式呈现了出来，完全跨越了代沟的障碍。对我们当中年长的人来说，激励自己的是柯克船长和斯波克先生的经典版《星际迷航》。

对较为年轻的人来说，动力则来自皮卡德船长和特洛伊大使的《星际迷航：下一代》。还有些人痴迷于《星际迷航：航海家号》中的珍妮薇船长或《星际迷航：深空九号》中的西斯科。我们这几代人都是在星际迷航宇宙那种积极的，技术引领的未来召唤下，选择了自己的求学道路和职业道路。

当我们以前往其他星系为目标从事科研工作时，务必记得这种研发工作需要一个灵感不断、动力十足的跨专业团队，其中包括许多并非科学家或工程师的天才型人物，如《星际迷航》之父吉恩·罗登贝瑞（Gene Roddenberry），以及许多为电视剧集写剧本的天才作家。

除非我们始终怀揣将梦想变为现实的决心，否则人类将永远无法实现前往其他星系的梦想。在这条努力追求梦想的道路上，科幻小说能发挥的作用也许丝毫不逊于研发书中介绍的所有系统和技术。

　　跨越星际鸿沟所需的技术水平显然已经超出了人类当前的技术与能力范围，但这并不意味着现在开始规划为时过早。当我们将人类的生存空间扩展到地球之外、太阳系以内时，实践此类冒险的首批飞船所采用的原始技术如今正在继续发展。

　　随着SpaceX公司、蓝色起源和维珍银河（Virgin Galactic）等商业太空公司的兴起，人类进入太空的成本越来越低，所需的实用型太空基础设施有望被搭建起来。人类如今已经具备制造核火箭所需的技术，而且随着以火星或更远区域为目的地的首次载人航行进入筹备阶段，此类技术很可能在不久之后于太空中得到验证。

　　太阳帆在太空中的航行已取得成功，体型更大、性能更强的太阳帆很快也会投入使用。用于为太阳帆提速的激光器仍在进行持续测试和小型化改造，为实际应用于太空航行奠定基础。核聚变能源的研究似乎即将取得突破，使其有望成为一种实用的能源供给。按照研发的逻辑，下一步的研发重点就是实现小型化，以实际应用于太空。总之，一片片的技术拼图片正在趋于成熟，拼凑出星际旅行这幅高难度的拼图。

随着我们对银河系中无数系外行星的了解越来越多，有人会问："我们能去探访这些行星吗？"答案是："可以。但是，在我们或我们的航行设备能够完成星际旅行之前，我们首先需要成为一个真正的星际文明优秀管理者，具备驾驭太阳能和原子能的能力。"星际旅行显然是可实现的，只不过难度极大——但是人类一定能做到！

致　谢
ATGTS

在我入行初期，我曾受邀担任 NASA 星际推进技术研究项目负责人，当时我做的第一件事就是找到我的同事福沃德教授寻求建议。鲍勃·福沃德（Bob Forward）这个人，仿佛他的姓氏早有预兆似的[①]，他是我共事过的人中最具创造力的科学家，发表过许多具有前瞻性和开创性的专业论文，集中论述了当代物理学将如何实现星际旅行。

当时，我正在和他一起进行太空缆索推进技术的研究工作，在得知我开创了这个新的研究项目后，他给予了我无私的指导和帮助。由于我的项目资助基金需要等待美国政府的下个财年开始才能到位，所以在这期间我没有任何资金可供使用，也无力签署任何合同来开展相关的技术工作。不过，我倒可以通过一项独立资助计划，邀请

---

① 英文姓氏"福沃德"带有"先锋，未来"的含义。——译者注

一位大学讲师到 NASA 来担任我的暑期顾问。

于是，福沃德教授向我推荐了纽约市立大学 - 纽约城市技术学院的格雷戈里·马特洛夫博士，那时我俩还素未谋面。经福沃德教授介绍，马特洛夫博士接受了这个暑期大学的科研机会。几个月后，他与妻子 C. 班斯（C Bangs）一同来到 NASA 马歇尔太空飞行中心开展工作。

马特洛夫博士曾与尤金·L. 麦勒夫（Eugene L. Mallove）合作出版了一本在星际科研领域影响力极大的著作，名为《星际飞行手册：星际旅行先锋指南》（*The Starflight Handbook: A Pioneer's Guide to Interstellar Travel*），它成了为我解答星际旅行方方面面技术问题的首本工具书。星际推进技术研究项目持续开展两年后终止，我转而投入其他研究工作。马特洛夫博士和班斯也回到了纽约，我们在 NASA 的正式合作就此结束。

这场关键性的暑期合作开启了我与马特洛夫博士和班斯长达数十年的友谊，此后我们又开展了一系列个人合作，包括多篇联合署名的专业论文和著作。班斯是一位享誉全球的知名艺术家，为我们的部分作品绘制了精美的插图。正是通过马特洛夫博士和班斯的引介，我才加入了星际旅行这个小众但激情四溢的社群。

这个社群至今仍在持续不断地激励着我开展相关专业的研究工作，只不过我几乎仅能利用日常工作以外的时间投入社群活动中，主要是晚间和周末。马特洛夫博士和班斯不仅是我的同事，更是我

的挚友。无论过去还是未来，我始终将马特洛夫博士给予我的指导
和帮助视为生命中的一大幸事。

令人遗憾的是，我们这个小团体过早地失去了鲍勃·福沃德。
2002 年，就在介绍我与马特洛夫博士和班斯结识后不久，鲍勃·福
沃德便去世了，但我相信他为星际航行领域做出的贡献将在未来几
个世纪的专业论文中被反复引用和提及。

并非每个人都能拥有这样几位导师，我为自己能够如此幸运而
心怀感激。

在此，我还要感谢诸位协助我审校本书内容的专业人士，他们
不仅帮我确认书中的一些专业内容准确无误，而且还要确保我未出
现任何重大疏漏。他们分别是：

吉姆·比尔（退休核能工程师）

达伦·博伊德（Darren Boyd，NASA 太空通信专家）

比尔·库克（Bill Cooke, NASA 流星体环境办公室负责人）

埃里克·戴维斯（Eric Davis，航空航天公司）

罗伯特·汉普森（维克森林大学医学院教授）

安德鲁·希金斯（Andrew Higgins，麦吉尔大学教授）

比尔·克尔（Bill Keel，阿拉巴马大学教授）

罗恩·拉奇福德（Ron Litchford，NASA 马歇尔航天中心
太空推进系统主要技术专家）

肯·罗伊（退休专业工程师）

约翰·斯科特（John Scot，NASA 约翰逊航天中心，太空动力与推进系统首席技术专家）

凯瑟·史密斯（Cathe Smith，剑桥科技）

南森·斯特兰奇（Nathan Strange，NASA 喷气推进实验室）

安热勒·坦纳（Angelle Tanner，密西西比州立大学，教授）

斯拉瓦·图里舍夫（NASA 喷气推进实验室高级研究科学家）

索尼·怀特（无限空间研究所，高级研发总监）

此外，我还要向星际研究所（前田纳西河谷星际研究室）的各位朋友和同仁表示最诚挚的谢意。起初他们只是提出了一个极其大胆的想法，要在美国东南部举办一个区域性的星际技术研讨会，之后却将该会议发展成为一个定期举办的全球性知名技术大会。会议主办方设立长期的大学生奖学金，发表开创性的研究论文，为星际旅行的梦想带来勃勃生机。人类世界真的很需要更多这样的梦想家。

我同样还要感谢许许多多远见卓识的科学家、工程师、未来学家和科幻作家。多年来，他们不断给予我指导、启发和支持，在这期间我们产生了志同道合的惺惺相惜、学术争论后的收获满满以及诚挚的友谊。如果离开他们，我的生活和事业可能会迥然不同，绝不会像现在这样其乐无穷、充满挑战和趣味。我要感谢的人包括：

乔·博诺麦提（Joe Bonometti）、卡尔米内·德桑蒂斯（Carmine DeSanctis）、罗伯特·弗里斯比（Robert Frisbee）、格雷格·加布（Greg Garbe）、丹·戈尔丁（Dan Goldin）、安迪·希顿（Andy Heaton）、斯蒂芬妮·莱费尔（Stephanie Leifer）、桑迪·蒙哥马利（Sandy Montgomery）、雷·安·迈耶（Rae Ann Meyer）、克里斯·拉普（Chris Rupp）、柯克·索伦森（Kirk Sorensen），以及所有为 NASA 空间推进技术项目做出贡献的同事们。

史蒂夫·库克（Steve Cook）、莱斯利·柯蒂斯（Leslie Curtis）、加里·莱尔斯（Gary Lyles）、NASA 高级太空运输组（NASA Advanced Space Transportation Team）全体同事。

布莱恩·吉尔克莱斯特（Brian Gilchrist）、乔·卡罗尔（Joe Carroll）、罗伯·霍伊特（Rob Hoyt），以及 NASA 太空缆索推进组（NASA space tether propulsion teams）、NASA 近地小行星哨兵与太阳巡洋舰项目（NASA Near-Earth Asteroid Scout and Solar Cruiser project）和相关任务团队。由于各团队同事众多，如偶有遗漏，在此一并致歉。

吉姆·本福德（Jim Benford）、吉安卡洛·金塔（Giancarlo Genta）、保罗·加尔斯特（Paul Gilster）、哈罗德·格瑞斯（Harold Gerrish）、梅·杰米森、菲利普·鲁宾、克劳迪奥·麦克恩、朗达·史蒂文森（Rhonda Stevenson）、乔凡尼·瓦佩蒂（Giovanni Vulpetti）和皮特·沃顿（Pete Worden）等星际旅行社群的好友们。

斯蒂芬·巴克斯特（Stephen Baxter）、本·博瓦、阿瑟·C. 克拉克、吉姆·霍根（Jim Hogan）、杰克·麦德威、拉里·尼文、杰瑞·普耐尔、大卫·韦伯、托尼·维斯科普夫（Toni Weisskopf）等给我带来毕生影响的科幻作家，以及贝恩出版社的所有杰出的作家和编辑们。

永远支持并深爱我的妻子卡萝尔（Carol）；不断给予我关心和鼓励的两个孩子卡尔（Carl）和莱斯利（Leslie）；当然还要感谢我的父母查尔斯·约翰逊（Charles Johnson）和琼·约翰逊（June Johnson），他们一直鼓励我去追随自己的爱好。

最后还要感谢我的经纪人劳拉·伍德（Laura Wood）和帮助我精心整理原稿版式，并提交给出版社的实习技术编辑丹妮尔·麦格里。

人类太空探索重要里程碑

● **斯普特尼克 1 号**

1957 年 10 月 4 日，苏联发射了人类历史上第一颗人造卫星。

● **月球 3 号**

1959 年 10 月 7 日，苏联的月球 3 号探测器首次拍摄到月球背面的照片。

● **东方 1 号**

1961 年 4 月 12 日，苏联宇航员尤里·加加林乘坐东方 1 号成为第一个进入太空的人。

● **水手 2 号**

1962 年 8 月 27 日，美国发射了第一个飞越金星的探测器。

● 东方 6 号

1963 年 6 月 16 日，瓦莲京娜·捷列什科娃成为世界上第一位女航天员，乘坐飞船进入太空。

● 上升 2 号

1965 年 3 月 18 日，苏联宇航员阿列克谢·列昂诺夫在任务中完成了人类历史上第一次太空行走。

● 水手 4 号

1965 年 7 月 15 日，水手 4 号飞跃火星，并成功拍摄并传回了火星的第一批近距离图像。

● 阿波罗 11 号

1969 年 7 月 21 日，美国宇航员尼尔·阿姆斯特朗成为第一个登上月球的人。

● 金星 7 号

1970 年 12 月 15 日，苏联发射的金星 7 号首次在金星实现软着陆。

● 旅行者号

旅行者 1 号和 2 号飞行器分别于 1977 年 9 月 5 日和 8 月 20 日发射升空，这两个探测器提供了关于木星、土星、天王星和海王星的详细信息，并最终离开了太阳系，进入了星际空间。

● 哈勃空间望远镜

1990 年 4 月 24 日，哈勃空间望远镜发射升空，人类得以更深入地探测宇宙深空。

- **索杰纳号火星车**

1997 年 7 月 4 日，火星探路者携带着索杰纳号火星车成功着陆火星表面，索杰纳号火星车是人类送往火星的第一部火星车。

- **卡西尼号**

1997 年 10 月 15 日，卡西尼号星际探测器被发射到飞往土星的轨道，对土星及其卫星进行了详细研究，并在土星的卫星土卫六上着陆。

- **国际空间站**

自 1998 年起，多国合作建设的国际空间站成为人类在太空中持续居住和工作的平台。

- **神舟五号**

2003 年 10 月 15 日，中国发射神舟五号载人飞船，成为第三个独立将人类送入太空的国家。

- **新地平线号**

2006 年 1 月 19 日，NASA 发射新地平线号探测器，对冥王星及其卫星进行了首次详细探测，并继续探索柯伊伯带。

- **猎鹰 9 号火箭**

2015 年 12 月 21 日，SpaceX 首次成功发射并回收猎鹰 9 号火箭。这次着陆开启了太空飞行的新纪元，使抵达太空轨道成了普通大众可以参与的、更廉价、可持续性更高的活动。

- **嫦娥四号**

2019 年 1 月 3 日，中国的嫦娥四号成为第一个在月球背面着陆的探测器，实现了人类首次月球背面软着陆和巡视勘察。

● 天问一号

2021 年 5 月 15 日，中国发射的天问一号火星探测器，包括轨道器、着陆器和巡视器，成功实现了火星着陆和巡视探测。

● 詹姆斯·韦伯太空望远镜

2021 年 12 月 25 日发射升空，作为哈勃望远镜的继任者，旨在观察宇宙的早期状态。

术 语 表

百年星舰计划：由美国国防部高级研究计划局与美国国家航空航天局共同发起的一个联合项目，旨在向私营企业提供资助。研究经费将主要用于开启一项商业计划，以推动 100 年内实现星际旅行所需的科研和技术工作。

气凝胶：一种多孔的轻型固体，利用气体代替凝胶中的液体，从而形成与此前体积相等的固体。

航空航天公司：一家美国非营利性企业，在加利福尼亚州经营着一个由联邦政府资助的研发中心。该公司致力于在太空探测领域，为军事、民用和商业客户提供全方位的技术指导和建议。

阿尔法粒子：一种带正电的核粒子，与氦原子的原子核相同，都由两个质子和两个中子组成。

反物质：一种亚原子粒子，与另一种亚原子粒子质量相同，但电和磁的性质相反（如正电荷或负电荷）。当这两种正反粒子相遇时，便会相互湮灭并释放能量。

孔径：望远镜物镜或反射镜的直径。

天体生物学：生物学的一个分支，目标是寻找地外生命，研究外星环境对生物体的影响。

生物圈：世界上存在生命活动的地区。

突破计划：一项设立于 2015 年的科研计划，由朱莉娅·米尔纳（Julia Milner）和尤里·米尔纳（Yuri Milner）资助。该计划分为多个项目，其中包括"突破摄星"项目，计划以大约 20% 的光速向最近的恒星发射一组探测器。

宇宙射线：以近乎光速在太空中穿行的原子核粒子流。

衍射：光线发生的偏离现象，尤其是指经过不透明物体的边缘或通过狭窄的开口时，导致光线出现偏离的现象。

矮行星：绕太阳运行的球形天体，但由于质量不够大，无法清除轨道上的其他天体或物体。

电力推进系统：利用电离粒子流向后放电所产生的力为飞行器提供推进力。

电解：电流通过电解质（通常是水）产生氢和氧的化学变化过程。

电子枪：一种引导、控制和聚焦电子束的电子发射装置。

事界：黑洞的边界，界外没有任何东西可以从黑洞中逃脱。

舱外活动：当宇宙飞船航行至地球可观测的大气层之外时，宇航员在飞船外从事的任何活动。

伽马射线：是原子核能级跃迁蜕变时释放出的射线，是波长短于 0.01 埃的电磁波。

广义相对论：爱因斯坦于 1915 年发表的引力几何理论，在现代物理学中被视为引力的基础理论。

基因遗传：生物特征由父代传给后代。

基因组：生物体的遗传物质。

胶子：一种假想的中性无质量粒子，与夸克结合后形成强子。

日球层：受太阳或太阳风影响的太空区域。

原位：在天然或原生的位置或地方。

补充加速级：火箭推进阶段。

动能：运动产生的能量。

无限空间研究所：美国注册的非营利性组织，成立于 2019 年，旨在推动人类探索太阳系以外地区。

链路余量：接收器端接收到的最小预期功率与接收器灵敏度（即会引发接收器停止工作的接收功率）之间的差值。

近地轨道：位于地球上空 140～970 千米的轨道，通常为圆形。

超材料：任何人造材料，具备天然材料所不具备的特性。

神经平衡系统：属于、关于或影响身体位置与运动的感知能力。

中微子：一种质量极小且不带电的基本粒子；具有三种类型，很少与其他粒子发生反应。

中子星：一种高密度星体，主要由密集的中子构成。

核裂变：通过原子核分裂，释放大量能量。

核聚变：通过原子核的结合形成更重的原子核，在轻元素结合过程中会释放出大量的能量。

粒子动物园：在物理学中，用于描述相对宽泛的已知"基本粒子"的列表，类似于动物园中丰富的物种。

普朗克长度：普朗克单位制中的长度单位，最初由物理学家马克斯·普朗克（Max Planck）提出，等于 $1.616255(18) \times 10^{-35}$ 米。

量子力学：一种基于波动性基本粒子概念的物质理论，能够在此类特性的基础上对物质的结构和反应进行数学解释，其中包含量子理论和测不准原理。

雷达：一种专门用于物体探测和定位的装置或系统，通常由同步无线电发射机和接收器构成，可发射无线电波并处理其反射信号，并最终呈现出结果。

辐射状：从中轴线均匀向外延伸。

次级粒子级联：高能粒子与致密物质相互作用而产生的粒子流。

太阳能电池阵列：一种由多个部件组成的阵列，包括吸收太阳光并将其转化为电能的太阳能电池板。

太阳帆：一种由平面材料（如镀铝塑料）构成的航天器推进

装置，通过反射太阳光来获取推力。

太空缆索推进系统：一种利用强磁场推动宇宙飞船环绕行星航行的方法。电流流经一根长导线（缆索）。构成电流的电子带负电荷，因此当其处于行星磁场之中，电流穿过导线时会受到一个力。由于电子被限制在导线中，所产生的力作用于导线及附着在导线上的任何东西，例如航天器。

弦理论：物理学中的一种理论，认为所有基本粒子都是一维弦振动产生的。

超导体：又称为超导材料，指在某一温度下电阻为零的导体。

万物理论：一种假设的物理学理论框架，独一无二、包罗万象且逻辑连贯，能够全面解释并衔接宇宙中有关物理学的方方面面。

真空能密度：一种存在于整个宇宙空间中的潜在背景能量。

挥发物：在相对较低的温度下容易蒸发的物质。

白皮书：一份详尽且权威的报告。

X 射线：任何波长极短，小于 100 埃的电磁辐射。

A TRAVELER'S GUIDE
TO THE STARS

术语缩写表

缩写	原文	中文翻译
AU	astronomical unit	天文单位
ASTP	Advanced Space Transportation Program	先进太空运输计划
bps	bits per second	比特每秒
c	speed of light	光速
CERN	Conseil Européen pour la Recherche Nucléaire	欧洲原子核研究委员会
CRISPR	clustered regularly interspaced short palindromic Repeats	簇状规则间隔的短回文重复序列
DSN	Deep Space Network	深空网络
E	energy	能量

（续表）

缩写	原文	中文翻译
E-sail	electric sail	电动帆
F	force	力
g	gram	克
GCR	galactic cosmic rays	银河宇宙射线
GPS	Global Positioning System	全球定位系统
IRG	Interstellar Research Group	星际研究小组
ISM	interstellar medium	星际介质
Isp	specific impulse	比冲
JPL	Jet Propulsion Laboratory	喷气推进实验室
kg	kilogram	千克
km	kilometer	千米
LEO	low Earth orbit	近地轨道
ly	light-year	光年
m	meter	米
MSFC	Marshall Space Flight Center	马歇尔太空飞行中心
NASA	National Aeronautics and Space Administration	美国国家航空航天局
NEA	near-earth asteroid	近地小行星
r	radial distance from the sun	距日径向距离
RPS	Radioisotope Power System	放射性同位素电力系统

缩写	原文	中文翻译
RTG	Radioisotope Thermoelectric Generators	放射性同位素热电发电机
s	second	秒
SETI	search for extraterrestrial intelligence	地外文明搜寻计划
SHP	solar and heliospheric physics	太阳与日球层物理学
TVIW	Tennessee Valley Interstellar Workshop	田纳西河谷星际研究室

中 资 海 派 图 书

[美]保罗·J. 纳辛 著

孙则书 译

定价: 59.80 元

扫码购书

《物理就是这么酷》

接近课堂却意想不到的酷炫科普书
以简单数理知识解决超量级科学问题

- 宇航员测量出月球与地球的距离，只是用上了"光线射到镜子上，入射角等于反射角"的原理；

- 牛顿的万有引力定律可以帮助我们算出，太阳和月亮引起的潮汐哪个更大，以及潮汐如何让地球上一天的时间变长；

- 只要利用三角函数知识，你就能轻松搞定原子弹专家的方程式。

《物理就是这么酷》系普林斯顿大学出版社科学探索丛书重磅作品，普林斯顿大学曾出版爱因斯坦的《相对论的意义》等作品，迄今为止有超过 50 位诺贝尔奖获得者的著作在这里面世；中国的物理学家杨振宁、科学家华罗庚也都与普林斯顿大学有着很深的渊源。

[美] 亚当·贝克尔　著

杨文捷　译

定价: 65.00 元

扫码购书

《谁找到了薛定谔的猫?》

爱因斯坦与玻尔的世纪交锋
第二次量子革命的原爆点

自诞生以来,量子物理一直让大众甚至物理学家都困惑不已,"薛定谔的猫"这一思想实验曾被用来检验量子理论隐含的不确定性。可正是薛定谔的这只猫,如梦魇一般让物理学家不得安宁。于是,爱因斯坦、玻尔、薛定谔、海森堡、贝尔、玻姆、费曼、埃弗里特等闻名遐迩的物理学家一次又一次论证、实验和碰撞,拼攒出不断完善的量子物理学。

《谁找到了薛定谔的猫?》是关于这些物理学家思想论战的扣人心弦的故事,更是他们敢于探索未知、追寻真理的故事。贝克尔用生动的语言,讲述了这些物理学家的思想和人生如何像量子般"纠缠"在一起,勾勒出量子物理学波澜壮阔的百年探索史。

不断发展的量子物理学,给人类社会带来巨大改变。第一次量子革命为人类带来了晶体管和激光,塑造了今日的信息社会;如今,量子计算机、量子卫星逐渐成为现实,量子信息技术引爆第二次量子革命,新的量子信息时代正在到来……

海派阅读
GRAND CHINA

**READING
YOUR LIFE**

人与知识的美好链接

20 年来，中资海派陪伴数百万读者在阅读中收获更好的事业、更多的财富、更美满的生活和更和谐的人际关系，拓展读者的视界，见证读者的成长和进步。

现在，我们可以通过电子书（微信读书、掌阅、今日头条、得到、当当云阅读、Kindle 等平台），有声书（喜马拉雅等平台），视频解读和线上线下读书会等更多方式，满足不同场景的读者体验。

关注微信公众号"**海派阅读**"，随时了解更多更全的图书及活动资讯，获取更多优惠惊喜。你还可以将阅读需求和建议告诉我们，认识更多志同道合的书友。让派酱陪伴读者们一起成长。

六 微信搜一搜　　🔍 海派阅读

了解更多图书资讯，请扫描封底下方二维码，加入"中资书院"。

也可以通过以下方式与我们取得联系：

📖 采购热线：18926056206 / 18926056062　　📞 服务热线：0755-25970306

✉ 投稿请至：szmiss@126.com　　◎ 新浪微博：中资海派图书

更 多 精 彩 请 访 问 中 资 海 派 官 网　　(www.hpbook.com.cn ▷)